北欧雑貨手帖

おさだゆかり

アノニマ・スタジオ

はじめに

　北欧で初めて手に入れた雑貨は、白樺の幹から作り出されたカッティングボード。海辺のフリーマーケットで見つけたのは、鮮やかな黄色いホーローの片手鍋。「新品か中古品か」、「有名か無名か」にかかわらず、わたしの足を止め、目を釘付けにする魅力的なものに出会えると、一瞬でこころは躍り、ワクワクしながら手に取ります。街の手工芸品店やセカンドハンド店、そしてフリーマーケットで。何十年も前に作られたものから、今も作り続けられているものまで、宝探し感覚で、じっくりと探しものを掘り当てます。すごく重いものだったり、時には「収納問題」が頭をよぎったとしても、気に入ったものを見つけると、手に入れずにはいられないのです。北欧雑貨の魅力は、半世紀以上前にデザインされたものであっても、現代の暮らしにすっと溶け込める柔軟性と、何年経っても色あせない新鮮味にあり、そこにデザインの底力を感じます。暗く寒い冬が長く続く北欧で、快適な暮らしを大切にしてきた人々の発想や工夫が、ひとつひとつのもの作りに生かされ、やがては「デザイン王国」と称されるまでになったのです。

北欧に通い続けるうちに、毎日の暮らしで使う生活雑貨は随分と様変わりしました。それまでは、どちらかというと日用品は無彩色でまとめていましたが、鮮やかな色味や温かみのある自然素材が加わることによって、少しずつ変化していったのです。真っ赤なコーヒーポット、オリーブグリーンの両手鍋、大胆な柄のテーブルクロスに鮮やかな色合いのペーパーナプキン。そして細やかな手仕事によって生み出された、温かみのあるカゴや木工作品。そのひとつひとつのものが、気に入って手に入れたものと暮らす豊かさを、わたしに教えてくれました。

北欧に通いはじめて15年、2005年3月に立上げた北欧雑貨店・SPOONFULは2015年でちょうど10周年を迎えます。この節目となるタイミングに、これまでに出会い、愛用してきた北欧雑貨の中から、100アイテムを厳選してまとめました。著名なデザイナーが手掛けたプロダクトから、無名であっても魅力たっぷりの手工芸品まで、わたしのこころをはずませてくれる、北欧雑貨の世界をたのしんでいただけたら、とてもうれしいです。

もくじ

はじめに …… 4

001 | Antti Nurmesniemi | アンティ・ヌルメスニエミ …… 8
002 | Copco | コプコ …… 10
003 | ENAMEL JUG | エナメルジャグ …… 12
004 | ENAMEL POT | エナメルポット …… 13
005 | CAST IRON POT | キャストアイアンポット …… 14
006 | WAFFLE PAN | ワッフルパン …… 15
007 | PANCAKE PAN | パンケーキパン …… 16
008 | stelton | ステルトン …… 18
009 | tonfisk DESIGN | トンフィスク デザイン …… 19
010 | TEEMA | ティーマ …… 20
011 | HARLEKIN | ハレキン …… 22
012 | EGO | エゴ …… 23
013 | KID'S STUFF | キッズスタッフ …… 24
014 | CHEESE BOARD | チーズボード …… 25
015 | Nathalie Lahdenmäki | ナタリー・ラーデンマキ …… 26
016 | Kristina Riska | クリスティーナ・リスカ …… 27
017 | Karin Eriksson | カーリン・エリクソン …… 28
018 | Stig Lindberg | スティグ・リンドベリ …… 32
019 | MY GARDEN | マイガーデン …… 33
020 | Karin Bjorquist | カーリン・ビョルクヴィスト …… 34
021 | Ulla Procopé | ウッラ・プロコペ …… 35
022 | CREAMER | クリーマー …… 36
023 | CERAMIC BOARD | セラミックボード …… 38
024 | STAINLESS CREAMER | ステンレスクリーマー …… 39
025 | STAINLESS KETTLE | ステンレスケトル …… 40
026 | STAINLESS COFFEE POT | ステンレスコーヒーポット …… 41
027 | OPUS | オーブス …… 42
028 | DESSERT FORK & SPOON | デザートフォーク&スプーン …… 43
029 | Sigurd Persson | シガード・パーション …… 44
030 | STAINLESS CUTLERY | ステンレスカトラリー …… 46
031 | CUTTING BOARD | カッティングボード …… 49
032 | CARVING BASKET | カーヴィングバスケット …… 50
033 | CARVING CANISTER & BOX | カーヴィングキャニスター&ボックス …… 51
034 | FISH MOTIF | フィッシュモチーフ …… 52
035 | NUTS CRACKER | NAPKIN HOLDER | ナッツクラッカー | ナプキンホルダー …… 53
036 | OVAL BASKET | オーバルバスケット …… 54
037 | PICNIC BASKET | ピクニックバスケット …… 55
038 | SLATE BASKET | スレートバスケット …… 56
039 | BASTABINNE | バスタビン …… 57
040 | BIRCH BASKET | バーチバスケット …… 58
041 | BASKET BAG | バスケットバッグ …… 59
042 | Rauno Uusitalo | ラウノ・ウーシタロ …… 60
043 | ROOTS BRACELET | ルーツブレスレット …… 66
044 | TRIVET | トリビット …… 67
045 | iris hantverk | イリス・ハントヴェルク …… 68
046 | WOODEN SERVER | ウッドサーバー …… 69
047 | WOODEN SPOON | ウッドスプーン …… 70
048 | TEAK STAND | チークスタンド …… 72
049 | TEAK HANDLE TRAY | チークハンドルトレイ …… 73
050 | WOODEN TRAY | ウッドトレイ …… 74

| 051 | NUMBERING COASTER | ナンバーリングコースター …… 75
| 052 | BOOK END & PEN STAND | ブックエンド&ペンスタンド …… 76
| 053 | TEAK CANDLE HOLDER | チークキャンドルホルダー …… 77
| 054 | Ola Forsberg | オーラ・フォースベリ …… 78
| 055 | ORGANIC CANDLE | オーガニックキャンドル …… 84
| 056 | CANDLE HOLDER | キャンドルホルダー …… 85
| 057 | 2744 | 2744 …… 86
| 058 | PRISMA | プリズマ …… 87
| 059 | i-103 | アイ-103 …… 88
| 060 | WINE GLASS | ワイングラス …… 89
| 061 | Signe Persson - Melin | シグネ・パーション・メリン …… 90
| 062 | Ingegerd Råman | インゲヤード・ローマン …… 92
| 063 | GLASS BOTTLE | ガラスボトル …… 94
| 064 | GLASS CANISTER | ガラスキャニスター …… 95
| 065 | marimekko TEXTILE | マリメッコテキスタイル …… 96
| 066 | PIAWALLÉN | ピアヴァレン …… 98
| 067 | KLIPPAN | クリッパン …… 99
| 068 | Birgitta Bengtsson Björk | ビルギッタ・ベングトソン・ビョルク …… 100
| 069 | Birgitta Lagerqvist | ビルギッタ・ラーゲルクヴィスト …… 104
| 070 | SHEEP SKIN | シープスキン …… 105
| 071 | KNIT GLOVES | ニットグローブ …… 106
| 072 | marimekko DRESS | マリメッコドレス …… 108
| 073 | ACCESSORY | アクセサリー …… 110
| 074 | LACE | レース …… 111
| 075 | Växbo Lin | ヴェクスボリン …… 112
| 076 | H55 | エイチ55 …… 113
| 077 | BUYING BAG | バイイングバッグ …… 114
| 078 | ECO BAG | エコバッグ …… 116
| 079 | PAPER NAPKIN | ペーパーナプキン …… 117
| 080 | BORDER FREAK | ボーダーフリーク …… 118
| 081 | HAY | ヘイ …… 119
| 082 | marimekko APRON | マリメッコエプロン …… 120
| 083 | Vuokko Nurmesniemi | ヴォッコ・ヌルメスニエミ …… 121
| 084 | SLICER | LEMON SQUEEZER | スライサー | レモンスクイーザー …… 122
| 085 | PLASTIC BOWL | プラスチックボウル …… 123
| 086 | aarikka | アアリッカ …… 124
| 087 | HERB MILL | SALT& PEPPER | ハーブミル | ソルト&ペッパー …… 125
| 088 | MELAMINE TRAY | メラミントレイ …… 126
| 089 | MELAMINE COASTER | メラミンコースター …… 127
| 090 | SALT& PEPPER | ソルト&ペッパー …… 128
| 091 | COASTER SET | コースターセット …… 129
| 092 | PLASTIC CANISTER | プラスチックキャニスター …… 130
| 093 | BREAD CAN | ブレッドカン …… 131
| 094 | Lisa Larson | リサ・ラーソン …… 132
| 095 | WALL HANGING | ウォールハンギング …… 134
| 096 | STRAW ORNAMENT | ストローオーナメント …… 135
| 097 | SIDE TABLE | サイドテーブル …… 136
| 098 | STOOL 60 | E60 | スツール60 | イー60 …… 137
| 099 | DESK LIGHT | デスクライト …… 138
| 100 | WOOD TRUNK | ウッドトランク …… 139

おわりに …… 142

001 | Antti Nurmesniemi | アンティ・ヌルメスニエミ

2004年の3月に会社を退職して、買付けをしながら北欧を旅していた時のこと。7月にストックホルムに着いた翌日、このポットとの出会いが待っていました。「独立してお店をはじめる」とこころに決め、それまでの「夏休み旅行」とは明らかに違った心持ちで街を歩いていました。きっと肩には力が入り、ハンターのような目（！）をしていたかもしれません。その時、セカンドハンド店のウィンドーに「あの赤いポット」が現れたのです！　当時からアンティのポットを見つけるのは難しかったので、飛び上がるほどのうれしい出来事でした。それはまるで、はじまったばかりの買付けに、エールを送られているかのようで、胸が高鳴りました。ハイシーズンでにぎわう中世の雰囲気が残る街・ガムラスタンを、足取りも軽くウキウキしながら帰りました。夜になっても明るい夏の日差しを受けて、きれいに光るこの真っ赤なポットが置いてあるホテルの部屋の光景は、10年以上経った今でも、はっきりと記憶に残っています。

このポットをキッチンやテーブルに置くと、空気感はガラリと変わります。その存在感の大きさに魅了され、色違いを見つけるやいなや、そこそこ大きなポットであるにもかかわらず、ひとつ、またひとつと、ファミリーが増えていくのです。ポットのデザイナーはアンティ・ヌルメスニエミ。プロダクトデザイナーだけではなく、建築家でもあり、ヘルシンキを走る朱色の地下鉄の設計も、彼の手によるもの。そう聞くと、ポットの垂直の黒いハンドルが、運転席にあるパーツのごとく、工業的なデザインに見えてくるから不思議です。円筒形や円錐形の直線的なフォルム、ホーローの鮮やかな色をキリッと締める黒いハンドルとの絶妙なコンビネーション。パーコレーターを覗けるように、フタの中央にはめ込まれたプラスティック。そして本体の形状と高さ、注ぎ口の角度、ハンドルの位置。ベストバランスを追求しながら、アンティならではの綿密な計算によって生み出された、パーフェクトなデザインです。

002 | Copco | コプコ

ENAMEL

1960年に設立された鋳物メーカー・コプコは、数々のきれいなカラーリングのホーロー製品を世に送り出してきました。デンマーク製の白い両手鍋と黄色の2アイテムのデザイナーはマイケル・ラックス。ニューヨーク出身ですが、カイ・フランクの下で働いた経験もあります。
白い両手鍋は直径15cmで、ひとりからふたり分の調理をするのにぴったり。フタにつまみがなく、本体のハンドルと重なるように両サイドに持ち手を作ることにより、なんともすっきりとしたデザインに仕上がっています。小さいながらかなりの重量なのですが、この重さがおいしさを作る秘訣。この鍋でオリーブオイルと塩で蒸した野菜は頻繁に作る定番料理で、わが家のキッチンでは、年間を通して出番が多いです。
すっきりとした長方形のテリーヌ型の魅力は、なんといっても細いハンドルのデザイン。このハンドルに穴があるかないかで、印象は全く違います。この型でよく作るのは、野菜とひき肉を炒めた上にマッシュポテトをのせて焼くオーブン料理。焼きたてをテーブルに出すと、この細いハンドルに注目が集まります。
小振りなサイズのミルクパンは、注ぎ口が両サイドにあって、本体に対してハンドルが短めに作られたバランスが気に入っています。肌寒くなってくると、チャイや「グレッグ」（赤ワインにシナモンなどのスパイスとナッツ、砂糖で作るスウェーデンのホットワイン）など、身体の芯から温めてくれる飲み物をこの鍋で作っています。

003 | ENAMEL JUG | エナメルジャグ

わが家の日用品には、円柱形が多いことに気付いたのは最近のこと。コーヒーポットにティーポット、木のスプーンを立てているシリンダーガラス。丸、円錐、円柱といった基本の形には、削ぎ落とされた潔さを感じて、惹かれるのだと思います。カイ・フランクがデザインした、フィンランドのフィネル社製のホーロージャグを見つけたのは、ヘルシンキのフリーマーケット。グレーの曇り空の下、スッと立っていたこのジャグの黄色が、わたしの足を止めました。すっきりとした円柱形に、本体と平行した真っすぐでカクッとしたハンドル。注ぎ口はグッと内側に凹みが作られていますが、氷を入れて水を注ぐ時、氷がグラスにスルッと入ってしまわぬよう、ストッパーとして威力を発揮します。こげ茶のテーブルに白い器が中心のわが家の食卓に、このパキッとした濃いめの黄色のジャグが立っていると、テーブルは一気に華やぎます。容量はたっぷり2ℓ。人数の多い集まりでも活躍してくれる、頼もしいジャグです。

004 | ENAMEL POT | エナメルポット

北欧のホーローアイテムは色合いが独特で、買付けで見つけると必ず手に取り、状態が良ければ即買いするマストアイテムです。この空気穴が特徴的なオリーブグリーンの両手鍋は、1960〜70年代にフィネルで作られていました。デザイナーはセッポ・マッラト。この鍋のシリーズは他に赤、白、黄色、濃いブルーなど、それはそれは鮮やかな色で展開されていて、今でも運が良ければフリーマーケットなどで見つけることができます。形はいろんなサイズの両手鍋や木のハンドルの片手鍋もあります。この鍋のチャームポイントは、細いながらも持ちやすく、どの角度から見ても美しいハンドルにあります。フタのハンドルは、丸いものが一般的な中、細く直線的に作られていて、なんともエレガント。北欧のホーロー鍋を使っていると、ただ料理を作るための道具ではなく、器としてそのままテーブルに出したり、しまい込まずに見えるところに置いておきたくなる、見せることを意識したデザインなのだと実感します。

005 | CAST IRON POT | キャストアイアンポット

　フィンランドのティモ・サルパネヴァは、ガラス製品のデザイナーとして有名ですが、このキャセロールも代表作のひとつ。黒の鋳物鍋というと質実剛健で力強いイメージがありますが、この鍋は内側の白いホーローと、木の持ち手のなめらかな曲線とがあいまって、優美さを感じさせます。他に例を見ないデザインの木製ハンドルは、本体を持ち上げるだけでなく、フタに引っ掛けて開閉できるという、ユニークなアイディアが盛り込まれています。でき上がった料理を鍋ごとテーブルに運び、目の前でフタを開けると、その意外性に毎回歓声が上がり、本当に遊び心のあるデザインだと実感します。この鍋を使いたくなるのは、じっくりことこと煮込む料理を作る時。冬の間に何度か作るサムゲタンは、鶏1羽が入る深さが必要ですが、この鍋にピタリと収まります。根菜をたっぷり入れて作るけんちん汁も決まってこの鍋で。フィンランド生まれですが、アジアの料理もしっかりと受け止めてくれる、包容力のある鍋なのです。

006 | WAFFLE PAN | ワッフルパン

このワッフルパンとの出会いは忘れられません。それは冬のコペンハーゲンのフリーマーケット。朝から雨で出店している人もまばらで、買付けの収穫もほとんどなく、そろそろ帰ろうかと思っていたその時……アスファルトの上に、まるで放り出されたようなワッフルパンを見つけました。周囲を半円でフチ取られ、Fのアルファベットと数字と王冠。さすがデンマーク王国、こんなところにも王冠マークをのせるとは。おまけに専用の台まで付いています。「す、すみません！　これは売り物ですか？」。売っていたおばあさんにちょっと前のめり気味に尋ねると、「売り物だけど重いわよ〜」とのお返事。持ってみると、確かに重さは半端なくずっしり。それまで鋳物のパンケーキパンやワッフルパンを見つけても、重さに腰がひけてスルーしてきました。でも、こんなにもかわいい王冠入りは初めて。「ここで買わなかったら、筋金入りの北欧雑貨好きの名がすたる！」。そんな、やや大袈裟な心持ちで、手に入れたのでした。

007 | PANCAKE PAN | パンケーキパン

大きな丸が7つ並ぶボール形のパンケーキパンは、わが家の鋳物の中ではニューフェイスですが、作られたのは1900年代前半とのこと。コペンハーゲン郊外のフリーマーケットへ電車で出掛けると、途中から激しい雨。「こんな雨降りのフリマは、ご褒美的に良いものが見つかるかもよ」と、自分を奮い立たせつつ現地へ。でも予報通りの大雨に、出店数も極端に少なく、しょんぼり。それでも、せっかく来たのだからと、段ボールから次々に出されるものを、チェックしていた時に見つけたのがこのパンケーキパン。真ん中にハンドルが付いた珍しい形です。これを売ってくれたおばあさんは、丸いケーキをよく焼いたそうですが、わたしは「たこ焼きにぴったり！」と思い購入。かなり使い込まれた後に放置された状態のようでしたが、家に帰って、「たわしでゴシゴシ→空焼き」を何度か繰り返したら、だいぶきれいになりました。あとは関西出身の友人を呼んで、粉の配合や焼き方のコツを聞きながら焼くだけです！

スウェーデンの友人の子どもが通う幼稚園では、食事は陶器のお皿とガラスのコップ、木のスプーンを使い、お昼寝はシープスキン（ヒツジの毛皮）の上でと聞き、「なんとまあ贅沢な！」と思ったのですが、小さいうちから本物の良さに触れさせる教育は、「さすがスウェーデン」と、感心させられました。スウェーデンのセカンドハンド店で、時々見つかる小さなパンケーキパン。こちらも子ども向けですが、小さいながらもしっかりと重さがあり、実際に直火にかけて直径4cmのパンケーキを焼ける本格派。「子ども用のキッチン用品」というと、プラスティックのおままごと道具を想像しがちですが、「たとえ子ども向けでも素材は本物を」というのが北欧らしい一品です。スウェーデンには、お茶の時間をたのしむ「フィーカ」という文化がありますが、ひと口サイズのパンケーキには、水切りヨーグルトと名物のリンゴンベリー（こけもも）ジャムを添えてフィーカをたのしみます。大人も満足のいくおいしさですよ。

008 | stelton | ステルトン

鳥のくちばしのような注ぎ口と黒目がポイントの「クラシック バキュームジャグ」は、エリック・マグヌッセンによってデザインされ、デンマークのステンレスメーカー・ステルトンから1977年に発表されました。現在も販売されていて、今ではデンマークのモダンデザインを代表するアイコン的存在です。1960年創業のステルトンは、アルネ・ヤコブセンがデザインを手掛けた「シリンダーシリーズ」で、「継ぎ目のない円筒」の技術を開発し、その技術を受け継いでいるのがこのポット。潔い円柱形でモノトーン。全体的に削ぎ落とされながらも、愛嬌のあるデザインです。このポットはコペンハーゲンのフリーマーケットで見つけたもの。魔法瓶はずっと欲しかったアイテムで、「これならキッチンやテーブルに置いておきたい！」と直感して購入。2年後に小さいサイズにも出会い、今では大小揃えて使っています。お湯をたっぷりと沸かして、紅茶やほうじ茶を淹れてポットに移すことが、毎朝の日課になりました。

009 | tonfisk DESIGN | トンフィスク デザイン

ヘルシンキを初めて訪れたのは2000年の初秋。海辺の手作りマーケットでは、おばあさんが手作りした編み物や木のスプーン、カゴなど、素朴だけれど洗練された手工芸品に大興奮しました。そんなヘルシンキでまず訪れたかったのが、フィンランド製プロダクトを揃えた「デザイン フォーラム フィンランド」。広い店内にはフィンランドのグッドデザインがずら〜っと並び、またまた大興奮！　見回すと木を用いたアイテムがたくさんあって、豊かな自然に恵まれた土地ならではと実感。その時に見つけたのがトンフィスクの「ウォームカップ」です。厚みのあるアイボリーの磁器に、木目のはっきりしたオーク材が巻かれていて、手にした時のしっとりとした質感がとても気に入りました。このホルダーのお陰で熱さがやわらぎ、加えて保温効果もあります。その後ヘルシンキを再訪し、コルクのフタのポットを追加。大きな茶こしがセットされていて、ドリッパーものせられるので、コーヒー、紅茶どちらにも使えます。

010 | TEEMA | ティーマ

カイ・フランクがアラビアに入社したのは1945年。その2年後、36歳でアートディレクターに就任し、「ティーマ」の前身「キルタ」の開発をはじめました。それまでの食器はフルセットで揃えるのが一般的で、当時の写真を見ると、「実はあまり出番のないアイテムも含まれていたのでは」と想像できます。そんな「食器はフルセットで」という概念を覆すべく、もっと実用的な食器を目指して開発されたのがキルタでした。どんな食器とも合わせやすく、汎用性があって、機能的。すっきりと重ねられ収納場所を取らない。そんないくつもの課題を掲げて研究され、1953年にキルタは誕生したのです。この革新的な発想の食器は、フィンランド国内のみにとどまらず、世界中で受け入れられました。キルタは1974年に生産中止になりますが、81年に再びカイ・フランクが中心となり、陶器から磁器へ素材を変え、リニューアル版のティーマを発表しました。

わたしがティーマを手に入れたのは、初めてフィンランドを訪れた2000年。白いカップ＆ソーサーとクリーマーを買って帰り、ホテルのテーブルに並べました。それまでは仕事柄、ヨーロッパ諸国の食器をいろいろと見ていましたが、ソーサーというものは、カップを安定させるための「溝があるもの」。でもティーマのソーサーに溝はなくフラットなので、例えばケーキプレートとして、単独使いもできます。ソーサーをプレートとしても使える自由度！　目からうろこ的発想です。帰国してから毎日のように使い、セットでも別々でも使えるカップ＆ソーサーに、画期的な発想の器のすばらしさを実感しました。その数年後、再びフィンランドを訪れた時、大皿やスープボウルを6枚ずつまとめて購入しました。直線的で研究しつくされたフォルム、白でも温かみのあるやわらかな色合い、オーブンにも電子レンジにも使える便利さ。そして重ねた時の収まりの美しさ。「ティーマがあれば、もう他の器はいらないのでは？」と本気で思わされたくらいでした（実際には、その後他の器も買ってはいるのですが……）。ティーマはわたしの中では「永遠の定番」。その存在感が揺らぐことは、決してありません。

常識を覆すことは容易なことではありませんが、「洋食器の概念を変える」という強い意志を持って、開発に5年を費やした努力は実を結び、キルタの発表から60年以上経った今も、世界中で日常の食器としてティーマは愛され続けています。フィンランドが生んだ偉大なデザイナー、カイ・フランク。あなたが残した功績はあまりにも大きく、輝かしいものです。

011 | HARLEKIN | ハレキン

この「ハレキン」のカップは、わが家でお客さまにお茶を出すときの定番アイテムです。セカンドハンド店やアンティークショップで少しずつ買い集め、現在8個を所有。ティーカップとしてだけではなく、デザートカップや小鉢としてもと、用途が広いのも買い集めている理由です。ハレキンシリーズはアラビアでインケリ・レイヴォによってデザインされ、1988年に発売をスタート。外に向かってスッと開いたフチの薄さに気品を感じます。そしてとても飲みやすく、直線的なのでスタッキングしやすいという機能も。普段はオープン棚に伏せて重ねてしまっていて、その佇まいもまた美しいのです。ジャグは、直径と高さのバランスがなんとも独特ですが、わたしはバランスがユニークなものに惹かれやすく、とても愛嬌を感じてしまいます。このシリーズの食器は、他にフチが鮮やかなブルーのプレートも使っていて、きれいな色合いの食材を盛ると、コントラストをたのしめます。

012 | EGO | エゴ

「エゴ」は1998年にアラビア設立125周年の記念として発売されました。デザイナーはステファン・リンドフォース。直径19cmのプレートは、友人が集まった時の銘々皿に使っています。このプレートの魅力、それはリムが少し立ち上がっているところと、エッジの丸みにあります。さらにリムの幅がしっかりあるので、取り分けた料理が絵になると、常々感じています。他の食器と合わせやすく、料理が映える白い食器は、わが家の基本です。ティーマ、ハレキン、エゴと、3つのシリーズに共通しているのは、冷たい白ではなく、アイボリーに寄ったやさしい白であること。工業製品ながら、シャープすぎる印象を与えないのは、この色の影響もあると思います。11.5cmの小さなプレートは、小皿以外に、実はワインボトルのソーサーにぴったり。太いリムがボトルをピタリと中心に収めてくれるのです。こんなふうに、ものとものがぴたりと収まるサイズのマジックに気付くのはうれしいものです。

013 | KID'S STUFF | キッズスタッフ

日曜日のヘルシンキは、ほとんどのお店がお休みなので、朝のフリマに行って梱包をすませた後は、アラビア行きのトラムによく乗ります。ヘルシンキの中心地から20分ほどすると、レンガ色の高い煙突が見えてきます。1階にあるファクトリーショップでは、ちょっとした傷ではじかれたものが、アウトレット価格で買えるのです。そんなある日、アウトレットコーナーで、とってもきれいなパンプキンイエローのボウルを見つけました。この「キッズスタッフ」シリーズはアルフレド・ハベリによってデザインされ、2003年に発表されました。裏に鳥の刻印が入ったボウルとクジラ形のまな板、魚のバターナイフなどがセットで販売されたもの。動物をモチーフにした子ども向けですが、素材は磁器、ステンレス、木といった本物を使用。スープがこぼれにくいようにエッジが立ち上がっていたり、ナイフの柄の先はカーブしていたり、「子どもにとっての使いやすさ」がよく考えられ、ていねいにデザインされています。

014 | CHEESE BOARD | チーズボード

大きなかたまりのチーズのスライスを初体験したのは、スウェーデンの手工芸学校に滞在していた時のこと。夕飯が5時半からだったので（！）、その後、夜遅くまで制作をしているとお腹がすきます。そんな時は夜のフィーカで一旦休憩。女性達がかたまりのチーズを専用のスライサーで器用にうすーく削っている様子を見て、「なんて優雅な動作なんだろう」と感動してしまいました。この黄色い陶器のチーズボードを見つけたのは、南スウェーデンのかなり大きなセカンドハンド店。三角形に丸い穴がほどこされた巨大なチーズはプラスティックのおもちゃかと思いつつ手に取ったら、なんと陶器製。フチには持ちやすいように凹みまであって、とてもきちんとしたつくりです。『スウェーデンのチーズ文化』というタイトルの本は、北方民族博物館で見つけたもの。カバーにチーズの穴を開ける遊び心に、手に取らずにはいられませんでした。ちなみにわたしが一番好きなチーズは、王冠マークのヴェステルボッテンです。

015 | Nathalie Lahdenmäki | ナタリー・ラーデンマキ

　有機的なフォルムの外側はマットなアイボリー、内側は光沢のあるペールトーン。薄手でキリッとしているのに、ハンドメイドならではの温かなゆらぎ。ヘルシンキを初めて訪れた時、そのやわらかな印象の器を手に入れ、ヨーグルトやスープ用のボウルにして、長い間使っていました。けれど過日の震災で割れてしまったため、数か月後、10年前に購入したお店を訪れ、再び手に入れました。こんなふうにずっと同じものを作り続けてくれると、買足しができてとてもありがたいです。最近小さなボウルを購入しましたが、フチが立ち上がったプレートの購入も計画中。グレーのマットなマグカップは、ナタリーとヘルシンキのギャラリー「ローカル」のオーナーが相談して作ったもの。オーナーによれば、大きくて厚みのあるティーマとは違うカップが欲しくて、彼女に声を掛けたそう。なるほどティーマに感じる安定感とは違い、女性らしい丸みのあるフォルムとマットな色味。軽やかさとやわらかさを兼ね備えたカップです。

016 | Kristina Riska | クリスティーナ・リスカ

ギャラリー・ローカルのオーナーは、若い作家の活動を応援していて、彼らの作品を常設で扱う他、定期的に展覧会を企画運営しています。ヘルシンキでわたしが定宿にしているホテルの近所にあるため、必ず立ち寄って、コーヒーを飲みながらオーナーと雑談をするのが恒例です。彼女は作り手と一緒に考えたオリジナルアイテムの製作にも積極的で、会うといつも元気をもらえる女性です。クリスティーナ・リスカの作品を見つけたのも、ローカルでした。フチがほんのすこーし立ち上がった白いプレートと、円柱形のカップを見つけ、「フィーカにいいな」と思って一緒に購入しました。スウェーデンでは、午前に一度、午後に数回、何度もフィーカをして、オンとオフを上手に切り替えます。ひとりで黙々と仕事をしていると、つい休憩を忘れがちですが、ひと息入れると、その後の仕事がはかどるので、フィーカの習慣は見習いたいと思って、わたしもなるべく実践しています。

017 | Karin Eriksson | カーリン・エリクソン

ストックホルムの南側にあるセーデルマルム地区はSOHOエリアとも呼ばれ、個性的なお店やカフェがたくさんあり、いつも若者でにぎわっています。その地区を歩いていたある日、新しくオープンしたお店を見つけました。白が基調の店内には、陶芸作品を中心に食器やインテリアが並んでいます。「マノス」というそのお店の店主は、陶芸家のカーリン・エリクソン。彼女は15歳の時に、セーデルマルムにある無料の陶芸教室に通いはじめました。その後、手工芸学校のサマーコースで陶芸を学び、大学卒業後にロンドンに渡って3年間陶芸を学び、陶芸家として本格的にキャリアをスタートさせました。2003年に帰国後、ストックホルム郊外にショップ兼アトリエを開き、2010年にセーデルマルムに移転。ショップの奥にあるアトリエでは、作品制作の他、毎週水曜日の夜は、陶芸教室を開いています。

わたしが使っているブルーグレーのボウルは、「高さに自由度のあるボウルを作ってみよう」と、トライした作品。形がひとつひとつ微妙に異なり、釉薬の掛かり方によって生まれる色の濃淡や自然な模様は、ハンドメイドならではの魅力がたっぷり。現在マノスで販売している磁器は、ホワイト、グレー、ピンクの展開ですが、数がまとまれば色のリクエストも可能とのこと。早速SPOONFULの商品として、黄色のボウルやプレートの制作の相談をすると、「イエローは、レモンやパンプキンなど、濃淡で雰囲気がだいぶ変わるから、色出しがたのしそうね」と、すぐに商品化の話がまとまりました。カーリンは土の手触りが好きで、ろくろを回している時が何より幸せ。「素材の性質を感じ取って、コントロールできていると感じる瞬間に、喜びを感じるの」と、うれしそうに話してくれました。釉薬が想像以上にきれいな色を出してくれる驚きもまた、たのしいひと時。磁器を指ではじくと生じる高い金属音も気に入っていて、ひとつひとつの音の違いも美しいと感じるそう。

カーリンが憧れるデザイナーはシグネ・パーション・メリン。「彼女がデザインするフォルムは、建築的ですばらしいし、地に足が着いている感じがとても好き。素材に寄り添うデザイナーだと思うわ。90歳で現役なのもすごい！」。陶芸をしていると、「手の跡の美しさ」を実感するというカーリン。制作工程のひとつひとつに、発見や喜びを感じながら、土と向き合う毎日です。

ショップの奥にあるアトリエ。手前がろくろコーナー、奥は絵付けなどの作業台と磁器を焼く電気窯。陶芸教室もここで。

ろくろを回しながら、木べらを使って厚みを均等にしているところ。作業台にある道具のデザインも気になります。上は作業中に水を飲むグラスとジャグ。棚に積み重ねられたヨーグルトの容器や瓶の中身はペールトーンの釉薬。

30　CERAMICS　**MEET THE CRAFTSMAN**　Karin Eriksson

アトリエで見つけたすり鉢状の大きなボウルは、マットな白で料理が映えそう。この後、購入させてもらいました。

左の連なった磁器のかけらは、表に釉薬、裏に番号を記入した色見本。壁にかけられた姿はまるでオブジェのよう。左下のショップのメインテーブルには、カーリンのさまざまな作品が並べられています。無地以外にも、トンボや蝶などを絵付けしたカップやキャンドルホルダーも。初めて買った時に、「高温で焼いているから、とても強くて丈夫」と説明してもらったブルーグレーのボウルは、スープボウルやごはん茶碗などに日常使いできて、重宝しています。

018 | Stig Lindberg | スティグ・リンドベリ

　黒縁メガネと白衣に蝶ネクタイというスタイル、ユニークな個性と旺盛な好奇心の持ち主。スウェーデンのデザイナー、スティグ・リンドベリにわたしが抱いているイメージです。現在もスウェーデンを代表する陶磁器メーカー・グスタフスベリで、リンドベリは1937年から1980年までの間、このメーカーの代表的な作品を世に送り出しました。彼の作品には、「リンドベリのデザイン」とはっきり見分けられる、世界観があります。その創作は陶磁器にとどまらず、テキスタイルデザインや絵本の執筆など、好奇心のおもむくままに活動の場を広げていきました。1969年に発表された「アスター」シリーズは、白磁に黒い線画で描かれたアスター（エゾ菊）を、赤や青でややはみ出し気味に、おおらかに色付けした大胆なデザイン。わが家の食器棚の中では異色の、インパクトのある色柄もの。おいしいお菓子をいただく時には、この絵柄を眺めながら、いつもよりゆったりとした気持ちでフィーカをたのしみます。

019 | MY GARDEN | マイガーデン

ある日アンティークショップのテーブルに、積み重ねられたユニークなプレートを発見。「昨日買付けたばかりなんだよ」とオーナー。黒い線画の魚の上に、刷毛目でさっと重ねられたイエローやグリーンのグラデーション。魚の真面目な表情がなんとも愛嬌があります。ニシンを連想させる魚をモチーフにした大胆な絵柄のプレートは、マリアンヌ・ウエストマンがデザインし、1961年にロールストランド社から発売された「マイガーデン」シリーズの1枚。「このプレートで魚料理のおもてなしをしたらおもしろそう！」とまとめ買い。買付けから戻って早速友人を招き、北欧みやげのスモークサーモンとサバの燻製を前菜にして、食卓を囲みました。器の主役はもちろんこのプレートで、ユーモラスな絵柄は友人にも大好評。その日はメインも魚料理にして、ペーパーナプキンも魚柄、テーブルはまさに魚づくし！ 北欧の定番保存食「ニシンの酢漬け」や、友人が作ったサーモン料理の話をしながら、夜は更けていきました。

020 | Karin Bjorquist | カーリン・ビョルクウィスト

　カーリン・ビョルクウィストは、1950年にグスタフスベリに入社し、リンドベリ作品の絵付けをしながらキャリアを積んだ、スウェーデンを代表する女性作家です。このふたつのアイテムは、スウェーデンの南にある第三の都市・マルメのアンティークショップで見つけました。ソルト＆ペッパーとマスタード入れ（SENAP＝スウェーデン語でマスタード）のセットは、「マットなこげ茶＋ストライプ＋手書き文字」と、わたしの好きな要素がぎゅっと詰まった愛すべきデザイン。ソルト＆ペッパーの底蓋は、どちらも使えない状態（ゆるすぎ＆固すぎ）でしたが、「マスタード入れをせっせと使えばいいじゃない！」と、購入。キャンドルを4本立てられるホルダーはアドヴェントキャンドル用。クリスマスまでの4週間、1週ごとにキャンドルを増やして灯すもの。買付け時に、ガラスや陶器製の4本並びのホルダーをよく見かけて不思議に思っていましたが、クリスマスを待ちわびる、すてきな風習を演出するアイテムなのでした。

021 | Ulla Procopé | ウッラ・プロコペ

ウッラ・プロコペは1948年にアラビアに入社し、1956年からはカイ・フランクと共に働き、アラビアの黄金期を築いたデザイナーのひとり。彼女の作品を見るたびに、カーブの出し方が天才的だと感じます。わが家の食器棚を見渡すと、直線的なフォルムが中心ですが、その中に彼女の器の曲線がやわらかさを添えています。彼女のデザインでとりわけ好きなのが、マットなこげ茶色のアイテム。ごく小さな持ち手の付いたスープボウルは「ルスカ」というシリーズで、オーブンにもかけられ、フィンランドだけでなく、スウェーデンの家庭でもとても親しまれてきた器です。どこか日本の急須を思わせるティーポットは、つまみのないフタ、しっとりしたマットな質感、自然素材できっちりと巻かれたハンドルなど、好みのデザイン要素が詰まっています。1957年生まれのハンドル鍋「リエッキ」は直火対応で、お粥や湯豆腐を作ってそのままテーブルへ。こげ茶の器は白い食材が映え、和食器とのなじみもとても良いのです。

022 | CREAMER | クリーマー

わが家の引越しの梱包を手伝いにきてくれる友人からよく言われることがあります。「片口のものが異常に多いね」。そうなんです！　クリーマーはずっと好きで、見つけると必ず反応してしまうアイテムのひとつ。でも毎日クリーマーを使っているかというと、そうでもないのですが、旅先で気に入ったものがあれば「とりあえず買ってよし！」としている、わたしのコレクションアイテムなのです。何かひとつでも「これはOK」というアイテムを決めて、ひとつずつ集めていくのはとてもたのしいですよ。用途としては、ミルクだけではなく、しょうゆやドレッシングを入れる時にも活用しています。

　白いクリーマーは、右端のものがロールストランド製で、他はすべてアラビアの古いもの。年代によって生地の色味や厚み、注ぎ口と持ち手のデザインが少しずつ違うおもしろさがあります。アラビアのアイボリーがかった白は、ニュアンスがあってすごく好みです。ブルーの花模様と細いストライプはグスタフスベリ製で、スティグ・リンドベリのデザイン。こげ茶の小花柄と光沢のあるブルーはアラビア製。マットなネイビーはふたつともグスタフスベリ製。左右どちらでも注げるデザインもあります。キャラメル色とマットなブラウンのふたつは、どちらもスウェーデン製です。

023 | CERAMIC BOARD | セラミックボード

　北欧では複数の女性陶芸家が工房をシェアし、併設のショップで販売する形態を多く見かけます。コペンハーゲンの中心地にある陶器専門店「リエーベ」もそのひとつ。古い建物の半地下にあるお店は、小さいながらもやさしいペールトーンで色付けされたアイテムが、ぎゅっと詰まったかわいい空間。これまで購入したものは、フタ付きの小物入れや花瓶、指輪、フックなど。手ぶらで帰ってきたことは一度もない、気に入った「何か」が必ず見つかるお店です。この陶製のボードは、カッティングボードをモチーフにした線画を陶板に描き、手でカットしたもの。その手切りならではのフチのゆらぎによって、味わいのある作品に仕上がっています。焼き菓子をのせたり、チーズや生ハムをのせたりしていますが、普段はキッチンの壁に立て掛けて、無機質になりがちなキッチンの雰囲気を和らげるのに、ひと役買ってくれています。

024 | STAINLESS CREAMER | ステンレスクリーマー

「またクリーマーですか？」という声が聞こえてきそうですが……（笑）、今度はステンレスです！　クリーマーという同じ目的のものでも、素材が違うと、こんなにも印象が違うものなのだと驚きませんか？　ともすれば冷たくなりがちな金属素材でも、チーク材のハンドルを組み合わせることで、キリッとした中にもやわらかさが加わります。ステンレスとチークを合わせたクリーマーやシュガーポットは、デンマークのフリーマーケットでとてもよく目にするアイテムです。おもしろいのは、同じ形にほとんど出会わないこと。「いったいどれくらいの形がデザインされたのだろう？」と思うくらい、毎回のように新しい形に出会えるので、フリーマーケットの大きなたのしみになっています。上段の左と中央は片方がカーブしたサイズ違い、右は珍しい円筒形。下段の左と中央は耳形ハンドルのセット、右はフチの曲線がきれいです。

025 | STAINLESS KETTLE | ステンレスケトル

ケトルというと、ハンドルは上に付いているのが一般的ですが、北欧のケトルは側面にハンドルを付けたデザインが多く、注ぐ時に湯気で手が熱くならないという利点があります。上のケトルはフィンランド・ハックマン社製。どっしりとした筒形に、おちょぼ口のような極端に短い注ぎ口、フタの持ち手は人がブリッジでもしているかのようで、細部のユニークさが際立ちます。ハンドルの根元にダメージがありましたが、一度も見たことのないデザインに惚れ、自分で普段使うなら問題なしと、赤十字のチャリティーショップで購入。下のケトルは、ノルウェーのポラリス社製。丸みがあって安定感がありつつ、注ぎ口やハンドルの先端がキュッと細くデザインされ、シャープな印象も併せ持っています。コペンハーゲンのフリマで見つけた時、前の持ち主は粉コーヒー用に使っていたらしく、内側は真っ黒でしたが（こういうことはよくあります）、家に帰って重曹で磨いたら、ぴかぴかの本来の姿が戻ってきました。

026 | STAINLESS COFFEE POT | ステンレスコーヒーポット

ストックホルム郊外で開かれる大規模なフリーマーケットの会場は、バイヤーだけでなく、趣味で来ている人や家族連れなど、場内はいつ訪れてもかなりの混雑ぶり。そんな中、目をこらしてキョロキョロしていると、右のポットが視界に飛び込んできました。大きなくるみボタンのような木製のつまみに、目は釘付け。生産元はスウェーデンのニルスヨハンで、ケトルの他にも、キッチンツールやカトラリー、鍋など、グッドデザインのキッチン用品を数多く製造したステンレスメーカーです。左のコーヒーポットはデンマークのメーカー・ルンドトフテ社製で、コペンハーゲンのフリマで見つけたもの。スッとした細身の本体には、垂直にローズウッドのハンドルが付けられ、先端が斜めにカットされているので、手になじみやすく注ぎやすいデザイン。ルンドトフテはステンレスのミルクパンやカトラリーなど、すっきりとしたシャープなデザインの名品が多く、今も時々フリーマーケットで見つけては買付けています。

027 | OPUS | オープス

コペンハーゲンの川沿いのフリーマーケットで見つけたカトラリー（左の3本）は、買付けに通いはじめた頃に見つけた思い出の品。黒い樹脂製の角張ったハンドルとシルバーのバランスが絶妙で、ひし形のスプーン、刃先の浅いフォークにひと目惚れしました。ところが、ナイフ、フォーク、スプーンが6本ずつの計18本のセット売りでかなりのいいお値段。「少し考えます」と伝え、他のお店を回ってはみたものの、カトラリーが気になります。しばらくして戻り、もう一度手に取りました。どの角度から見ても美しいデザインに、わたしの決意は固まりました。「いい買い物だと思うわよ」とうれしそうに売ってくれたおばあさん。何年も経った今でも、その言葉通りと実感します。この「オープス」シリーズのデザイナーはノルウェーのティアス・エクホフで、デンマークのルンドトフテ製。その後チークのハンドルを見つけ、最近レードルも発見。こうしてファミリーが少しずつ増えていくのは、なんともたのしいものです。

028 | DESSERT FORK & SPOON | デザートフォーク&スプーン

右はフィンランド・ハックマン社製で、左の横オーバルの形はノルウェー製。どちらもデザート用ですが、小さめのボウルでスープを飲む時にもぴったりなサイズ感。

数あるわが家の北欧カトラリーの中で、初めて買ったのがこのフォーク。ごちゃっとカトラリーが入った箱から、名品を探し出す喜びを知ったのもこの時。スウェーデン・ニルスヨハン社製。

刃先が二股のシャープなデザインのフォークは、リンゴや柿などのフルーツを刺すのにぴったり。上の写真の右側のスプーンと同じシリーズ。ハックマン社製。

長さの1/3に黒い樹脂やチークを合わせたコーヒースプーン。ディナー用のスプーンやフォークもありますが、このアイテムがとびきりかわいい。デンマーク・ルンドトフテ社製。

029 | Sigurd Persson | シガード・パーション

ストックホルムのアンティークショップで、オーナーのマダムと話をしている時のこと。ガラス製のカウンターの片隅に、何やら良さそうな雰囲気を醸し出しているステンレスのカトラリーを見つけました。デザイナーはシガード・パーションで、スウェーデンのシルバー＆ストールから発売されたもの。「これも彼のデザインよ」と、とてもなじみのある5クローナコインを見せてくれました。コインのデザイナーにプロダクトデザイナーを抜擢するなんて、粋なことをする国です。細くくびれた柄がとてもエレガントで、この美しいラインには、「ゴールデンプロポーション」という言葉がぴったり。シガード・パーションは他にも多くのステンレス製品をデザインしていて、何度か買付けたステンレスケトルは、とてもなめらかな曲線を描いたシルエットです。このカトラリーで食事をする時は、白いプレートとガラスだけにして、すっきりしたテーブルコーディネートを心掛けています。

ある春の日にアンティークショップで、独自のカーブを描いたエレガントなナイフを発見！オーナーに聞けば、シガード・パーションがSASの機内食用にデザインしたものとのこと。値段を聞くとナイフ、フォーク、スプーン3サイズが各6本ずつの30本のセット売り。すごく惹かれたけれど、「カトラリーはすでにセットで揃えているし」と冷静に考え、購入は見送りました。その後も夏と秋にそのお店に行くたびに、ガラスケースにSASのカトラリーが残っているか確認。さらに半年後の春の買付けで、再びお店に向かう途中にふと「あのセットはまだあるかな？」という思いが頭をよぎりました。すると半年前と同じ場所に、そのカトラリーはあったのです。「これはわたしが買う運命なのかも」と突然思い、結局購入することに。一度は買わない選択をしたのに、記憶の片隅でずっと気になっていたのです。業務用のカトラリーは短めで重ねやすく、収納スペースは予想以上にコンパクト。正直、ほっとしました。

030 | STAINLESS CUTLERY | ステンレスカトラリー

わが家のステンレスカトラリー大集合！　デンマーク、スウェーデン、フィンランド各地で、こつこつと見つけてきたもの。セカンドハンド店でカトラリーがごっそり入った箱の中をじっくり時間をかけて物色すると、時には名品が見つかることもあり、それはまるで宝探しのよう。オールステンレスのものから、ハンドルをチークや樹脂などの異素材と組み合わせたものまで、バリエーションに富み、デザイン力を感じます。

こうして一堂に会した様子をみると、ひとつひとつていねいに、きちんとデザインされた名品であることがうかがえます。ひとりで所有するには多すぎることは自覚していますが（！）、グッドデザインを見つけると、手に入れないわけにはいかないのが雑貨好きの性。今はダイニングテーブルに設えたカトラリー専用引出しと、キッチン数か所に分散して収納していますが、いずれは浅い引出しが何段もある、カトラリー専用の「名品引出し」を設えたいです。

「北欧の手工芸」

手工芸は、わたしが北欧好きになるきっかけを作ってくれた、いわば入り口。有名デザイナーによるカラフルなプロダクトも、もちろん大好きですが、自然素材から手作りされる手工芸品は、何十年も前に作られた古いものから、現在も作り続けられている新しいものまで、ひとつひとつのアイテムの個性が光り、手に取らずにはいられません。スウェーデンは国土の68%が森林に覆われ、豊かな自然に恵まれた環境があります。何百年も前から、暮らしの道具として木を材料にしたもの作りが行われてきたことは、必然的な流れと言えます。

2012年に創立100周年を迎えたスウェーデン手工芸協会は、国内各地にある手工芸店を運営し、それぞれの地方独自の手工芸品を揃えながら、その存続を守っています。各地で古くから続く固有なデザインの木工やテキスタイルはとても興味深く、そのオリジナリティと質の高さは見応えたっぷりです。協会は『ヘムスロイド』という手工芸専門の月刊誌の発行も行っていて、全国各地の手工芸に携わる人々にフォーカスをあて、その魅力を伝えています。工業化の波に押し流されて、手工芸が衰退しないように活動を続けているのです。

もうひとつ手工芸をつないでいく重要な存在として、手工芸学校があります。多くの作家が「この道に進もうと決めたきっかけは、手工芸学校だった」と言います。木工、カゴ編み、刺しゅう、織りなど、豊富なコースから自分が進みたい道を選択できる学校が充実しているのは、なんともうらやましい環境です。いくつになっても学べる「生涯学習」が根付いているスウェーデンでは、たとえば人生の後半に入ってから学校で学び、作り手としてデビューすることも可能なのです。ただ手工芸だけを生業とするのは難しく、多くの人は副業を持っています。技術の継承問題は日本と同様に北欧にもありますが、学校で学んだ人達がいつしか職人となって、そのすばらしい技術が後世に伝えられることを、こころから願っています。

手工芸の中でも、とりわけカゴはわたしの琴線に触れるアイテム。北欧のカゴは何百年も前から、農作物を入れたり、捕った魚を持ち運んだりと、暮らしに根付いた道具として手作りされてきました。その魅力はバリエーションの豊富さにありますが、伝統的な編み方を継承しているものから、作り手自らが使い勝手を考え、創意工夫を加えて作り出したものまで実にさまざま。美しく繊細に編まれたカゴも、ざっくりとおおらかに編まれたカゴも、それぞれに魅力が備わっています。どんな人混みでも、雨降りのマーケットでも、珍しいデザインのカゴが見つかると、つい浮き足立ってしまいます。10年間買付けをしてきた今でも、年にひとつかふたつは、見たことのないカゴを見つけることができます。そんな時には「大丈夫、知らないカゴはまだまだある」とその先のたのしみへ、希望がつながっていくのです。これからもカゴをはじめ、現在では貴重になったチーク材を使った生活雑貨や、彫り模様の美しい木工製品など、スウェーデンの伝統工芸を探し出し、その良さを伝えていきたいと意欲にあふれています。

031 | CUTTING BOARD | カッティングボード

会社に勤めていた時の買付けで、初めて訪れたストックホルム。豊かな自然に恵まれていることは、首都でさえも感じることができました。お店のウィンドーには天然素材の雑貨が飾られ、カゴや木製品好きのわたしは、少しでいいからそんな雑貨を手に入れるチャンスを狙っていました。そしてほんのわずかな自由時間に通りかかったおみやげ店の片隅で、カッティングボードを発見。白樺の幹そのものの形を生かして作り出されているので、細長かったり、洋梨のようだったり、ひとつひとつが個性を放っているところに惹かれました。それから6年後にお店を立上げる時、品揃えにはまず「このカッティングボードを」と思い、仕入れました。その後ずっと販売を続け、10年経った今でもSPOONFULの人気の定番アイテムであり、わたしにとっては、北欧雑貨への扉を開けてくれた大切な存在でもあります。

032 | CARVING BASKET | カーヴィングバスケット

スウェーデン中部の手工芸が盛んな地方・ダーラナにある手工芸学校に併設されているお店は、ダーラナの作り手の作品を中心にした充実の品揃え。気に入ったものが必ず見つかる「期待を裏切らないお店」です。ここ最近、わたしの目を釘付けにしたのがこの木彫りカゴ。厚みのある大きな曲げ木は見事な質感で、編みカゴとは違った木彫りの美しさにすっかり魅了されました。5mmの厚さの柳を曲げて円筒を作り、底には松、ハンドルには楓、留め具には白樺の根を。それぞれの持ち味を生かしながら、金属を一切使わずに作られたこだわりの逸品。曲げ木にしても、彫刻にしても、とても技術のいる手仕事です。わが家では、お茶類を入れてキッチンのカウンターに置いていて、無垢の木がどんな風合いに育つのか、たのしみに見守っています。

033 | CARVING CANISTER & BOX | カーヴィングキャニスター＆ボックス

上はストックホルムの手工芸店「スヴェンスク・スロイド」で購入した白樺の木彫りキャニスター。北部に住む作り手の作品です。「斜めボーダー」と「ヘリンボーン（杉綾模様）」好きなわたしが惹かれない訳がなく、さらに持ち手は「ミイの後ろ姿？」と思うようなかわいさ。「1列彫るのに、どれくらい時間がかかるの？」と想像してしまうほど、繊細でていねいな手仕事です。下のボックスは、彫り模様のチョイスにセンスを感じる、美しい手工芸品。オーバル形に沿って彫られたレースのフチかがりのような模様、フタの中央と側面には結晶モチーフ。松の根を極細に割いたもので留められた曲げ木。わたしはシナモンロール形のピンクッションを入れ、ソーイングボックスに活用。購入してちょうど10年、いいあめ色に育ってきました。

034 | FISH MOTIF | フィッシュモチーフ

　海に面した地域だからでしょうか、北欧では魚モチーフの古いものが時々見つかります。ただの置物ではなく、道具としての役割を与えられているところがおもしろく、見つけたら必ず手に取ります。口や尾びれで栓を抜いたり、目から塩とこしょうが出てきたり、尾びれで手紙を開けたり。発想がなんとも豊かで、初めて見た時は感動しました。そしてそれぞれの魚の表情に愛嬌があって、ユーモラス。なのに決して子どもっぽいかわいらしさではないところが、すごいと思いませんか？　魚以外にも、木製の動物モチーフはいろいろとあって、ハリネズミの楊枝立て（楊枝を針に見立てて）や、リスのブラシ（しっぽでお掃除）など、おもしろいものを買付けてきました。これからもどんな愛嬌のある動物と出会えるのか、たのしみでなりません。

035 | NUTS CRACKER | NAPKIN HOLDER | ナッツクラッカー | ナプキンホルダー

ひと彫り、ひと彫り、とっても繊細な模様が彫り込まれた、ナプキンホルダーとナッツクラッカー。規則正しく彫り込まれた模様が美しい手工芸品です。ストックホルムのアンティークショップで5〜6年前に見つけたもので、1900年代初期に作られたものとのこと。ナッツクラッカーは、ワインのお供にぴったりなヘーゼルナッツの殻を割る時に使用。テーブルで、パチン、パチン、と軽快な音を響かせながら殻を砕いてくれます。表裏だけでなく、側面もヘリンボーン状に彫られていて、使ってみると、これはただの飾りではなく、握る時に滑らないための工夫で、その細かい気配りに感心。ナプキンホルダーは、お茶用の小さいサイズのペーパーナプキンがちょうど収まるサイズ。こちらは実用というより、カウンターの飾りにしています。

036 | OVAL BASKET | オーバルバスケット

ストックホルムに住む友人から、「収納部屋を模様替えして、子ども部屋にしたのよ」と聞いて、早速訪ねて見せてもらいました。木製玩具のメーカー・ブリオのミニキッチンや水色に塗られた古いベッドのあるその部屋で、わたしが「わ〜っ」と飛びついたのが、使い込まれたカゴでした。長靴下のピッピやクマのぬいぐるみが入ったそのカゴは、ダーラナのフリーマーケットで見つけたもので、浅めで容量たっぷりで、使いやすそう。それから何年もしたある日、マルメで同じ形のカゴを発見！ アンティークショップの店先に、割れ物のガラスが入っていて、「え？ ゴミ箱代わり？」と思ったけれど、オーナーに尋ねると、「欲しいなら売るよ」と格安で譲ってもらえることに。薄くスライスした幅広の木で編まれた、おおらかさが魅力のカゴです。

037 | PICNIC BASKET | ピクニックバスケット

ストックホルムのガムラスタンにある、セカンドハンド店のバックカウンターに並んでいた柳のバスケット。本体は斜め格子状に、フタは放射状に編まれています。何度も通って、すっかり顔なじみになった店長に見せてもらうと、フタと本体を留めている3か所中2か所が壊れていて、留め具もありません。それでも店長いわく「なかなか見かけないけど、美しいデザインよね」。エレガントささえ感じるカゴに魅了され、「自分で直して使おう」と思って購入。その後、手工芸学校で根を裂いた材料を見つけ、フタと本体は無事につながりました。このカゴに「サンドイッチとフルーツを入れてピクニックに行けたらすてき！」なのですが、留め具は未解決のままで、補修完成までもう一歩。ピクニックに行けるのはまだ先のことになりそうです。

038 | SLATE BASKET | スレートバスケット

真っすぐ高く生える欧州赤松という樹木を板状に削ぎ、その板を斜めに編むこの手法は、ダーラナ地方の伝統的な編み方です。この薄型の珍しい形のカゴを見つけたのはセカンドハンド店のカゴ売り場。ベリー摘み用などのオープン形はよく見かけますが、こんな形は初めて。書類かばん？ クラシックなハンドバッグ？ いずれにしてもとてもていねいなつくりで、職人技が光ります。手に持っていると、ふと「ネイビーの服に似合いそう」と持つ姿が浮かび、購入決定！ 実はこのへぎ板のすごく大きな収納用のカゴがダーラナのお店にあり、「いつかわが家へ」と思い続けて早数年。今はタイミングを見計らい中です。

脚付きのミニサイズはゴミ箱に活用。

039 | BASTABINNE | バスタビン

ストックホルムの手工芸品店で、マツ科のスプルースの幹をくるくるねじり、ゆったり編まれた、珍しいつくりのカゴを見つけました。「バスタビン」という名前のカゴは、もとは捕った魚を運ぶ道具で、スウェーデンの西海岸生まれ。その時は予算オーバーで買えなかったのですが、翌年に無事入手。それから6年後、カゴ作りを学びに手工芸学校へ。作者のイングリッド・アンダーソンに直接カゴ作りを教わりました。手取り足取り教わり、2日目の夜にコツをつかみ、5日掛かりで完成。不揃いの編み目ときれいな編み目がくっきりわかる仕上がりでしたが、無心で編み上げたカゴは、なんともいとおしく思えました。

基本は横型で、わたしは縦型に挑戦。

040 | BIRCH BASKET | バーチバスケット

白樺の樹皮を斜めに編んだカゴは、北欧のカゴの中でもポピュラーな存在。小さなサイズを東京で手に入れ、「いつか大きなサイズも」と思っていました。雑貨好きの友人と初めてストックホルムを訪れた時、手工芸店で見つけた白樺の大きなカゴ。固くしっかりしたつくりに見えて、実際に手に持つと軽くてとてもしなやか。フチは細く裂いた木の根でクロス状に編まれ、ていねいな仕事ぶりがうかがえました。問題はそのカゴをどうやって日本に持ち帰るか。友人と相談し、「バッグ代わりにして機内へ」という結論に。それ以来、何度大きなカゴを機内持ち込みにしたことか。飛行機にスマートに乗れる日は遠い……。

こんなクラッチバッグ型もあります。

041 | BASKET BAG | バスケットバッグ

コペンハーゲンで年に何度か開かれる大規模な屋内蚤の市は、雑貨からインテリアまで、ヴィンテージ好きをうならせる、充実の品揃え。イースターホリデーに合わせて開催された時、街中のお店が閉まっていたので、いつも以上にすごい人混み。1軒1軒のお店を見るのもひと苦労で、へとへとになっていたその時、視界に飛び込んできたのがこのカゴ。フタをパカッと外せる珍しいつくり、カクッとしたハンドルには、大好きなネイビーのビニールが巻かれています。「か、かわいい……！」。それまでの疲れが一気に吹き飛びました。バッグとして持ち歩いていますが、見た目以上に収納力があり、とても重宝しています。

壁掛けにも使えるカゴバッグ。

042 | Rauno Uusitalo | ラウノ・ウーシタロ

ダーラナにある「レクサンド・ヘムスロイド」という手工芸店で見つけた、白樺で編まれたハンドル付きのカゴ。フチはくるくるとかがられ、ハンドルを留めるところにはふたつの×印。それまでも、白樺のカゴはよく見掛けていましたが、仕上げに独自性があって、見惚れてしまいました。その時一緒にいた手工芸学校のカーリンが、「この作家さんと知り合いだから、今度工房に連れて行ってあげるわよ」と約束してくれました。

このカゴを作っているラウノは現在81歳。南フィンランドに生まれ、22歳の時にストックホルム近郊にあった窓ガラス工場で働くのをきっかけにスウェーデンに移住し、その5年後、家具メーカーで働くためにダーラナへ移り住みました。赤い家が一般的なこの地には珍しく、白い壁が印象的な家の地下に工房はありました。

カゴ作りをはじめたのは1970年代から。会社から帰った後に時間があったので、「何かやらなければ」と思ったそう。「小さい頃から働く環境に慣れていたから」と言いますが、働き者なのです。70年代は白樺工芸の流行りがあって、自分もやってみようと思い、近くの村にある手工芸学校で作り方を学び、カゴ作りをはじめました。家具と違って大きな機械が不要なので、自宅で取り組みやすかったのです。それから40年間、カゴ作りを続けていますが、イメージ通りに作品が完成した時が一番うれしい、と微笑むラウノ。そんな時は、もうひとつ作ろうと手がうずうずして、夕食後に再び地下の工房へ下りていくこともあるそう。仕事は休まず、毎日制作をするというから驚きます。「ソファーで何時間もテレビを見て、ダラダラしているのは嫌いなんだ」。広いお宅は、工房も住居スペースもいつもきれいにしていて、散らかっているのを見たことがありません。「毎日掃除しているからね」。ラウノにとって、毎日きちんとした暮らしをすることは、ごくあたりまえのことなのです。

白樺は、表は白くかさかさしていて、裏は茶色でしっとり、その全く違う表情がおもしろいといいます。そして耐久性が高く、水や湿気にも強いという特性があり、昔は家の屋根にも使われていたそうです。そんな白樺の樹皮は、年々採取が難しくなっていて、北部のラップランドや時にはロシアからのルートも使うそう。白樺の樹皮が採取できるのは、1年のうちで6月の2週間だけという短さ。さらに一度採ると二度と生えないので、年々手に入れるのが難しくなっています。ハンドルに使っている柳と、フチかがりに使う松の根は、自ら森に採りに行って

いますが、年齢的なこともあって、「いつまで続けられるか」と思っているそう。「素材の採取なら学校で経験があるので、お手伝いしますよ！」と、すかさず申し出ました。
作品が陳列されたコーナーにある、十字架入りの白樺のキャニスター。聞けば、自分用の骨壺というからびっくり。近所の方が亡くなった時に作ったのがきっかけで、その後、村の人達から頼まれて、いくつも作ったそう。白樺の性質をよく知り、何十年も寄り添ってきた、ラウノならではの発想に感動してしまいました。白樺と共に生きて、白樺の中で眠る……。「みんないつかは死ぬからね。準備をしているんだよ」。そんなことを笑顔で言われると、切なくなってしまいます。でも、どうか、どうか、これからもお元気で、やさしい笑顔で迎えてください。

post card

111-8790

051

東京都台東区浅草2-14-14 2F 中央出版
クリニコ・スタジオ
北郎雑貨手帖 様

料金受取人払郵便
浅草局承認
8194
差出有効期間
平成28年
2月20日まで

☒ 本書に対するご感想、あなたなりのアイデアやメッセージなどをお書きください。

この欄にあなたのコメントを広告などに使用することもあります。(ご芳名は掲載しません)

北欧雑貨手帖

この度は、弊社の書籍をご購入いただき、誠にありがとうございます。今後の参考までにしますので、下記のご質問にお答えいただきますようお願いいたします。

1. 本書の発売をどのようにお知りになりましたか？
   - □書店で見つけて　□Webサイト（　　　　　　　　　　）
   - □友人、知人からの紹介　□その他（　　　　　　　　　　）

2. 本書をお買い上げいただいたのはいつですか？　　年　月　日頃

3. 本書をお買い求めになった書店名とコーナーをお教えください。
   店　　　　　　　　　　　　　コーナー

4. ブックデザイン・カバーデザインはいかがでしたか？
   □思っている　□知らなかった

5. この本をお買い求めになったご理由は？
   - □著者について　　　　　　　□テーマについて
   - □タイトルにひかれて　　　　□写真・デザインにひかれて
   - □その他

6. 価格はいかがですか？　　□高い　□安い　□適正

7. 雑貨の特集でご希望のテーマはありますか？

8. シンプル暮らしが、好きな住まいを教えてください。

9. 今までに旅行したことのある国、印象に残った国を教えてください。

10. 好きな〈行くべき〉雑貨店、カフェ、ギャラリー、インテリアショップを教えてください。

氏名
ご住所　〒　　　　　　－
性別　□男　□女　　年齢　　歳　　職業
Tel.　　　　　　　　　　　　　e-mail

※ ありがとうございました

自宅の地下にある工房は、素材や道具がきちんと整理され、いつでも作業ができるような状態になっています。

ラウノが手にしている大きな縦型のリュックは、樹皮をたっぷり使って3日がかりで完成。左下のハンドバッグは、カゴ作りをはじめた頃に作り、奥さんがずっと愛用していたもの。3つ並んだキャニスターのつまみは、庭で鳥がついばんだ木をそのまま生かして。十字架モチーフを入れた骨壺は、ネジで留めて完全密封。

幹から採ったままの状態の樹皮の束。これを専用の機械でサイズを揃えて編みはじめます。作業台の脇には、木製クリップやナイフなどをきちんと並べて。

ハンドルに使う柳の枝は、皮をむいてから自作の枠にはめ込んで成形。

でこぼこしている樹皮の表面をナイフで削って平らにし、厚みを均一に。

長さと幅、厚みを揃えた樹皮をまずは平らに編み、金定規を当てて立体にしていきます。樹皮の色合いは縦と横で揃え、時には濃淡によって市松模様に。自然の表情が織りなすハーモニーはカゴの大きな魅力です。

WOOD　**MEET THE CRAFTSMAN**　Rauno Uusitalo

ラウノに教えてもらいながら、小さなカゴ作りに初挑戦。きっちりときれいに編むには、想像以上に力が要ります。木のへらを上手に使いこなせるかがポイント。

自宅スペースにも自作の白樺アイテムが随所に。窓辺のランプシェードもそのひとつ。

工房の隣にあるコーナーに並べられた作品の数々。事前にオーダーしたものと合わせ、ここから新作を選ぶことも。

043 | ROOTS BRACELET | ルーツブレスレット

わたしが受講した手工芸学校では、まず森に行き、材料を採るところからもの作りがはじまります。そこでも木の根を探したのですが、スウェーデンのカゴ作りでは、根っこはポピュラーな素材。スウェーデン北部・ヴェステルボッテン地方の都市・ウーメオで暮らすカゴ作家のグンネル・エリクソンが作るブレスレットは、白樺の根を1mm以下まで細く裂いて編まれ、裏はトナカイの革で作者のイニシャルGEの焼き印も。北欧の人は基本的に真面目ですが、ここまで揃った編み目のていねいな仕上げに、その気質が表れていると見惚れてしまいます。こんな繊細な素材をどのように編むのか、制作現場をぜひ見てみたいもの。そしてスウェーデンで一番好きなチーズの工場もこの地方にあるらしい。カゴとチーズが北へと呼んでいる……。

044 | TRIVET | トリビット

鍋が好きだと、それに付随して鍋敷きや鍋つかみも常に気になる存在です。そしてやはり天然素材のものに特に目がいきます。左上のしっかりとしたつくりの組み木のものは、100年以上の歴史がある古いもの。家では壁に飾りつつ、時々鍋敷きとしても使っています。すごく頑丈なので、重い鍋をのせても問題なし。右上のジュートをロープ状に編んだものは、ヘルシンキのインテリアショップで「わ、いい鍋敷き！」と思ったのですが、その後仕入れる時に、実は犬の遊び道具だったことが判明！ クロス形のものは10年選手で少々こげていますが、それもまた味。右下のひし形の組み木は、民族博物館のお店で。雪の結晶のような模様と木の自然な濃淡が美しい。左下のバスタビンの鍋敷きは手工芸学校でイングリッド先生が編んでくれたもの。

045 | iris hantverk | イリス・ハントヴェルク

イリス・ハントヴェルクは盲目の方々をサポートする団体が運営しているスウェーデンのブランド。ブラシはすべてハンドメイドで、素材は白樺やブナ、馬毛や豚毛など、天然のものを使用しています。ストックホルムにある直営店で買った右上のボディブラシは、代替わりしながらもう15年くらい使っています。馬毛はハリがあり、最初は「やや刺激的かな？」と思ったけれど、だんだんしなやかになって、使い心地抜群。これで身体をマッサージすると、とても気持ちいいのです。茶色いベジタブルブラシは、根菜をゴシゴシと。大小のマッシュルームブラシは、小さいほうはキノコの汚れ落としに、大きいほうはコーヒーミルの掃除に。下のふたつは、パン用のカードとハケ。これでシナモンロールを作りたいと思い、購入しました。

046 | WOODEN SERVER | ウッドサーバー

料理を取り分けるサーバーセットやケーキサーバー、バターナイフなど、木製のツールは、古いものも新しいものも、「これ、見たことない！」という形を見つけると、必ず買っています。古いものはカトラリー同様、セカンドハンド店の大きな箱に山盛りにされた中から、宝探し感覚で掘り出します。一番上の二股の道具は、焼いた肉や魚を切り分ける時に押さえるもので、不思議な形に惹かれました。左上から斜めに3つ並んだのはケーキサーバー。ひし形や細長い形など、独自性があります。右上の茶色の細長いサーバーセットは、木製では珍しい直線的な形。右下のセットは、現行品のサーバーセットで、四角い頭がユニーク。左下の2本のバターナイフも現行品で、半円形だったり、先が角張っていたりする個性的なデザインが魅力です。

047 | WOODEN SPOON | ウッドスプーン

店名を「SPOONFUL」にしたくらいスプーン好きなわたしですが、北欧ならではの手彫りのスプーンは常に気になるアイテムです。古いものから現在も作られている現行品まであり、中にはポプラの木で自ら（指をケガしながら）作ったものも。古いものはかなりいいあめ色になっています。表面の傷が目立つものは、サンドペーパーをかけてグレープシードオイルで手入れをしながら使っています。現行品の中で断トツに多いのがスウェーデンの木工作家、フリッ

チョフ・ランホールの作品（左ページ、左からふたつ目以外すべて）で、ダーラナの手工芸学校のショップでちょこちょこと買い集めたもの。とても手の込んだ彫りが施されたすばらしい工芸品で、背の高いシリンダーグラスに入れて、「見せる収納」で飾ってたのしんでいます。彼のスプーンを見つけるのをいつも心待ちにしていたのですが、どうやらひと通り手に入れてしまったようで、最近新作を買えていないのがちょっと寂しいです。

048 | TEAK STAND | チークスタンド

ストックホルムで毎週日曜日に開かれるフリーマーケットで見つけたのが、このチークの3段のケーキスタンド。スウェーデンにあった伝統的な手工芸品メーカー・スロイダルスターで作られたものです。ゆるやかにカーブした厚みのあるプレートが3サイズ連なり、トップには風見鶏のようなニワトリが。何ものせずにそのまま置いておくだけで存在感があります。イギリスのケーキスタンドは主にシルバーですが、素材が変わるとこんなにも印象が変わるものなのだと感心しました。イギリスのアフタヌーンティーは薄くスライスしたキュウリのサンドイッチやケーキをのせてエレガントに、スウェーデンのフィーカはシナモンロールや焼き菓子をのせてカジュアルに。ティータイム文化にも国ごとの個性があってとても興味深いです。

049 | TEAK HANDLE TRAY | チークハンドルトレイ

オーバル型のチーク材にハンドルの付いたトレイは、ダーラナのセカンドハンド店で見つけたもの。田舎のセカンドハンド店は、すごく広いスペースに、ありとあらゆるものが混在しています。その中から良いものを探し当てるのは、大変と言えば大変ですが、「バイヤー魂」が燃えるおもしろさもあります。そんな広大な店内の棚の上に、ハンドル部分が見えて、「お、これは」と手を伸ばしたのがこのトレイ。そら豆のようなトレイに真っすぐに平行したハンドル。曲線と直線の融合がお見事です。実はハンドルは外せるので、トレイだけでも使えますが、ハンドルがあるのとないのでは印象ががらりと変わり、わたしは断然「ハンドルあり」のほうがいいと思って使っています。濃いチークは、フルーツのきれいな色がよく映えます。

050 | WOODEN TRAY | ウッドトレイ

スウェーデンとデンマークでは、1950〜60年代にかけて、チークを使った暮らしの道具が盛んに作られていました。やや赤みがかったチークは、食卓に、インテリアに、とてもなじみやすい素材です。チークトレイは丸形を基本に、ハンドルを付けたり、フチの形に変化を持たせたり。リムがしっかりとあるトレイはプレートとしても使えて便利です。直径30cmのトレイは軽めの朝食やお茶の時間に使うほか、麺類などの昼食にも。ハンドルをビニールでかがった大きなサイズは、皿数が増える夕食に。トレイは運ぶだけではなく、ランチョンマット代わりにして使っています。厚みがあってドット模様を彫り込んだ、オーバル形の珍しいトレイは、チーズやフルーツなど前菜を盛り合わせるのにぴったり。

051 | NUMBERING COASTER | ナンバーリングコースター

No.1から12まで揃ったチークのコースターは、何年も前にマルメのアンティークショップで買ったもの。金属の数字を入れるために一段彫り下げ、フチには立ち上がりがあるので小さいながらも立体感があり、重ねた姿も美しいのです。そして数字のフォントも気に入ったポイント。このコースターを購入したおじいさんのお店は、今はもうありません。プロダクトよりも手工芸品が圧倒的に多く、古くから使われてきた暮らしの道具の品揃えはとても見応えがありました。いつも訪れるなじみのお店の閉店の知らせは、なんとも言えない喪失感です。わが家での飲み会によく登場するこのコースター。数字は、大人数でグラスが多い時の目印になり、ゲストの生まれ月に合わせてそっと出して、それに気付いてもらえると、うれしいものです。

052 | BOOK END & PEN STAND | ブックエンド&ペンスタンド

1日に何度も使うペンやハサミを立てる道具は、常に目にするので、なるべく気に入ったデザインを選びたいもの。マルメのアンティークショップで思わず「レンコン？」と自問してしまったのはチーク材のペンスタンド。合計13本立てられて、上から見ると植物のようで、横から見ると波打ったデザインは、デスクの名脇役です。三角形のチーク材のブックエンドはスウェーデンとデンマークで少しずつ買い集めたもので、現在8個を所有。ブックエンドというと、「支える」ことに重点を置いた、大きくてしっかりとしたつくりのものが多いですが、これはチークの三角形の小ささが程よく、文庫本やCDを立てておくのにぴったりのサイズ。テーブルの脇や棚に出しておきたくなる軽やかなデザインです。

053 | TEAK CANDLE HOLDER | チークキャンドルホルダー

暗くて長い冬が続く北欧では、厚い雲に覆われて陽の光があまり届かないので、薄暗くて昼からキャンドルをつけるくらい。キャンドル消費量の世界ランキングで常に上位を占めているのは、自然な流れなのです。そんな暮らしの必需品である、キャンドルを立てるスタンドやホルダーが、いろんな素材とデザインで充実しているのもまた、自然な流れ。スウェーデンで買った、このチーク材のキャンドルスタンドは、首がキュッとくびれた上品な立ち姿に惹かれました。キャンドルを立てた時に倒れないよう、内側には金属が埋め込まれているので、重みがあります。実際にキャンドルを立てるとかなりの高さになるので、そのままリビングのデコレーションに。高さ違いでひとまとめに飾ると、シックで落ち着いた雰囲気を醸し出します。

054 | Ola Forsberg | オーラ・フォースベリ

広大な湖とその周りに広がる草原に、「ファールンレッド」と呼ばれる赤い家が点在するダーラナ地方は、「スウェーデンの原風景」と呼ばれています。木工作家のオーラが奥さんのベロニカとふたりで暮らす家は、庭から湖が見下ろせる、眺めのいい場所にあります。広い敷地には、自宅と工房のふたつの棟があり、工房は木工ろくろのスペース、手彫りの道具や作品を陳列するスペース、ドアや家具などの大物を手掛けるスペースと3つに分かれた、とても広くて贅沢なつくりです。

わたしが初めてオーラの作品を見たのは、手工芸学校のお店でした。白樺で作られたプレートスタンドは、温かみがあって、しっとりとした質感。「脚があるとテーブルに出した時に高低差が出せるし、何をのせても受け止めてくれそう！」とテンションが上がり購入。そんなわたしに、店主のマーガが「作家さんはすぐ近くに住んでいるから、今度訪ねてみたら？」とすすめてくれて、その数か月後に、オーラの工房を訪ねることになったのです。工房を案内してもらった後、実際に電動ろくろを使って白樺の幹からボウルを作り出す工程を見せてくれました。細かな木片を飛び散らしながら、みるみるうちに小さくなる木は、やがて丸いボウルに変身！初めて見たろくろでのもの作りに、「わー、すごい！」と素直に感動し、ボウルをいくつか買って帰りました。ボウルはスープやヨーグルトに、プレートスタンドにはフルーツをのせてキッチンに置いたり、パンやチーズを盛り付けたり。木の器は洋食器だけでなく、和食器との相性も良く、テーブルにひとつ加えるだけで、温かみのあるコーディネートになります。

もともとはオーケストラで管楽器を演奏する、プロのミュージシャンだったオーラ。91年にベロニカの故郷であるダーラナに引越してからは、週に3日は音楽学校の教師、あとの3日は木工作家という暮らしをして、現在に至っています。木工をはじめたのは、1980年代前半に小さな電動ろくろを購入して、趣味でバターナイフを作ったのがきっかけでした。そして87年に半年間、手工芸学校でろくろや曲げ木、家具作りなどを学んだことで、「これこそが自分がやりたかったことだ」と確信し、手工芸の道に進もうと決心したと言います。

ストックホルムからダーラナへは電車でちょうど3時間。駅に着くと、オーラが出迎えてくれて、「まずはロッピス（中古品店）に行こうか？」の問いかけで、その日の行動開始です。ロッ

ピスでは、わたしは雑貨を探し、オーラはレコードを探すのがお決まりのパターン。お店を出るとお互いの戦利品を見て、「いいもの見つけたね〜」と言い合っています。その後、工房で打ち合わせやオーダーをし、料理上手のオーラが作ってくれるランチをいただきます。これがいつもとてもおいしくて、スウェーデンの家庭料理や、時には新聞にのっていたレシピでイタリアンを作って、もてなしてくれるのです。夏は自宅に泊めてもらって、普段は行けないところまで足を延ばしてロッピス巡りをしたり、オークションに参加したり。夏休みで滞在しているはずが、いつの間にか雑貨を買い集め、結局いつもと変わらない行動をするわたし。オーラは「ヴァカンスになってないんじゃない？」と笑いながらも、いろんな中古品を扱う場所に連れて行ってくれます。車が必須のダーラナで効率良く買付けができているのは、ひとえにオーラのお陰。いつも感謝の気持ちでいっぱいです。

ファールンレッドと呼ばれる赤い家。18世紀に建てられた住まいは風格が漂います。訪れた時期は紅葉も終わり近く、雪がちらついていました。

工房の一角には自作の棚に作品を並べて。隣の家具の上には作業中に聴く音楽のオーディオ機器。

工房の中心にあるスペースは、電動ろくろの作業場。削り出した木屑はほうきでまとめて暖炉に入れ、燃料として再利用。

壁面に自ら設えた木製の工具棚は、いろんな刃先の工具を見せながら収納。8の字の金具は、木の厚みを測るためのもの。ノートにはサイズや数量などオーダーの詳細をメモしてあります。

プレート作りの工程は、まず厚みを揃えて幹をカット。次に電動ろくろにセットし、回転させて細長い木片を飛び散らしながら削り、徐々にプレートにしていきます。途中何度か8の字の金具で厚みを確認しながら仕上げへ。最後は裏面にイニシャルの「f」を手彫りで入れて完成。

82　WOOD　**MEET THE CRAFTSMAN**　Ola Forsberg

3か月前に依頼しておいた、新しいアイテムの試作品を見せてもらいました。きちんとした仕上がりに大満足。

普段使いしている積み重ねたプレート。打ち合わせの後は、いつもおいしい料理でもてなしてくれます。この日はスウェーディッシュパンケーキと豆のスープをいただきました。

もともとは80ページのような白木だったコーヒーカップは、長年使い込むことにより、内側はすっかりコーヒー色に染まり、ツヤも出て貫禄が。キッチンには、ベロニカの審美眼によって集められたアンティークのキッチン用品や食器、リネン、そしてカゴが。上手に見せながら収納されていて、いつも目がキョロキョロと泳いでしまいます。

055 | ORGANIC CANDLE | オーガニックキャンドル

南スウェーデンのマルメに最近オープンしたお店は、若くセンスの良い女性の審美眼によって選び抜かれた、ヴィンテージと現行品を揃えたすてきな空間。そこで大きな数字が印象的な、オーガニックのフレグランスキャンドルを発見。0から9まで揃ったキャンドルは、やわらかいながらもキリッとした個性が光る香り。ひと通り香りを試して、「スノー」と「リネン」を選びました。次の買付けの時にダーラナにあるオフィス兼ショップにうかがうと、ふたりの姉妹が迎えてくれました。社名は「テリブルツィンズ」というユニークな名前。このキャンドルは日本にはまだ輸出していないと聞き、「ぜひ仕入れさせてください」と、その場で香りを選び、オーダーしました。キャンドルの成分は、ベジタブルワックスに質の高いフレグランスオイルを使って、スウェーデンで作られています。夜、ソファーでリラックスする時や、昼でも暗い時はフィーカをしながら、このキャンドルに火を灯して、やわらかい香りに癒されています。

056 | CANDLE HOLDER | キャンドルホルダー

北欧のキャンドルホルダーの素材は、ガラス、鉄、陶器、木と実にさまざま。セカンドハンド店に行くと、キャンドルホルダーのコーナーが充実していて、最初の頃は「さすがだな〜」と、感心したものでした。円筒と球形のガラスのホルダーは、キャンドルが浮いているように見える、シンプルながらもデザイン性の高い一品。ペールグリーンのガラス製ホルダーは、コペンハーゲンの工芸博物館のカフェで見かけ、そのやわらかくきれいな色に魅了されて購入。いろんな素材がある中で、灯りが一番きれいに見えるのは、やはりガラス素材です。陶器のリース状のものは、IKEAのオリジナルのユーズド。陶器に少し焼けこげがありますが、丸くしたり、直線にしたりと使い方に柔軟性があります。リングの上に立てる形は、鋳物にネイビーの彩色をしたもの。コペンハーゲンのインテリアショップで、「スウェーデン人がデザインしたのよ」と教わりました。火を灯すと、白い壁にリングの影が映っておもしろいですよ。

057 | 2744 | 2744

ヘルシンキを訪れた夏の日のこと。あるアンティークショップの窓辺に、とてもきれいな色合いのグラスが光を受け、並んだ光景が目に入ってきました。コーンシェイプとスモーキーな色合いが大人っぽくて、心が揺れ動きました。フィンランドのグラスメーカー・ヌータヤルヴィから1953年に発売された、カイ・フランクのデザインによる「2744」。宙吹き（型を使わずに空中で吹いて成形する製法）で作られていますが、それまでのわたしの認識では「宙吹き＝厚みのあるもの」で、ここまで薄くできる技術の高さに、まずびっくり。そして魅力はやはりこの色合い。スッとしたラインの美しさがあるからこそ、この色の魅力が際立ちます。さらに重ねた時にピタッと収まる機能性。この収まりの良さにもカイ・フランクらしさを感じます。このタンブラーはその後、イッタラによって引き継がれ、普段使いにぴったりの「カルティオ」シリーズが誕生しました。現在も生産され続け、イッタラの定番グラスとして君臨しています。

058 | PRISMA | プリズマ

このグラスもカイ・フランクがデザインしたシリーズ「プリズマ」。1967年にヌータヤルヴィから発売されました。こちらはモールド成型（型を使ってプレスする製法）で作られています。3層に分かれたグラスは、上は内側に、下は外側にそれぞれ角度を持たせていて、光の屈折からプリズムが生まれる仕組みになっています。このシリーズには、他にもウィスキーをロックで飲むのに良さそうな大きなサイズや、ソーサーとセットになったスープボウルもあって、こちらは冷たいスープを飲むのにぴったり。わたしが使っているのは一番小さなショットグラス。夏には冷酒を飲んだり、ウォッカを飲んだりしています。北欧では最近いろんなフレーバーのウォッカが販売されていて、ブルーベリーやレモン、バニラなど、女性も取り入れやすい品揃え。暑い夏の夜には、このグラスにフレーバードウォッカを注いで、マドラーで氷をくるくると混ぜながら飲みます。まだ明るい夕暮れ時に、このグラスで食前酒を飲めたら理想的です。

059 | i-103 | アイ-103

「グラスは重ねられる形を」と心に決めているのですが、このグラスを見つけた時には、そのルールは棚の上にすっと上げてしまいました。そんな掟破り（？）をしてしまうくらい、魅力的なフォルムです。このグラスを手掛けたのは、No.005の木製ハンドルの鋳物鍋もデザインした、ティモ・サルパネヴァ。i-103は「i-line」シリーズのひとつとして1956年に発表されました。i-lineはスモーキーなブルー、グレー、パープルなどの色展開で、大人っぽい雰囲気。他にも「バードボトル」と呼ばれる涙形のカラフェがあり、いつか手に入れたいのですが、なかなか見つけられず、今に至っています。鋳物のグリルパンでお肉を焼いた夜は、ワインを白→赤の流れで飲むので、クリアとパープルの両方を並べて使っています。大学でグラフィックを専攻していたサルパネヴァは、i-lineのパッケージも手掛け、後にその「i」マークはイッタラのロゴとして引き継がれ、今ではおなじみの赤いロゴマークとして広く浸透しています。

060 | WINE GLASS | ワイングラス

「グラスもたくさん持っているね」と時々友人に驚かれますが、わが家の食器棚のグラス専用棚には、有名無名を問わず、さまざまなグラスが重なり寄り添い、しまわれています。北欧の中でも特にスウェーデンは、普段使いできるグッドデザインのグラスが見つかります。ただしすでにかなりの数を持っているので、スタッキングできることが前提で選んでいます。下のステムグラスは極端に脚の短いアンバランスさとコンパクト感が気に入って購入。脚が短いおかげで、ふたつまでは重ねられます。上のカット柄のタンブラーは、1742年創業のコスタ社製。ヨーロッパに現存するガラスメーカーで最も歴史がある会社で、1960年に合併し、現在はコスタボダとして知られています。ひし形が連なりドット柄が一周したカットが入ったグラスは、エレガントさが魅力。薄口でぴったりと重なるので、家にあるグラスの中で重なりの良さはナンバーワン！　とてもコンパクトに収まってくれる、ありがたい存在です。

061 | Signe Persson-Melin | シグネ・パーション・メリン

自身の作品集にのっている白衣を着たシグネ・パーション・メリンは、美しく、品があって、真っすぐな眼差しが印象的な女性です。陶芸と彫刻を学び、1951年にマルメに工房を設立。ヘルシンボリで開催された国際的なデザイン博覧会「H55」で発表した、陶器に彫刻を施したスパイスポットが高く評価されました。その後ガラスやカトラリーのデザインも手掛け、90歳になる今でも、マルメの工房で制作を続けています。

以前マルメにあったアンティークショップのオーナーは、シグネと親しく、彼女のヴィンテージ作品を数多く取り揃えていて、わが家のシグネアイテムは、すべてこのお店で買ったものです。1971年にスウェーデンのメーカー・ボダノバから発表されたスッとした円筒形の耐熱ガラスポットは、ハンドル、注ぎ口それぞれに見られる、宙吹きによる手作り感が魅力的。ノーベル賞の晩餐会でも出される「セーデルブレンド」という、青い花びらやオレンジピールの入ったフレーバーティーを飲む時は、このポットでと決めています。

耐熱のグラスマグも宙吹きで、ぽってりと丸みのあるハンドルがポイント。貴重な箱入りで購入しましたが、箱のグラフィックもまた秀逸で、細部にまで気を使った、きちんとしたもの作りの姿勢を感じます。マッシュルームを頭にのせたような美しい曲線のカラフェは、1974年に発表されたもの。赤ワインを飲む時は、ボトルからこのカラフェに移してテーブルに出すと、ゆったりとした気持ちでワインをたのしめます。

062 | Ingegerd Råman | インゲヤード・ローマン

朝起きて水を飲む時に使っているのが、インゲヤード・ローマンがデザインした「ベルマン」のタンブラーです。宙吹きにこだわって作られたこのシリーズは、手仕事を感じさせるわずかなゆらぎがあり、厚みのあるシンプルなグラスは、普段使いにぴったり。インゲヤードは、ガラスと陶芸を学び、1968年からガラスメーカーでデザイナーとしてのキャリアをスタートさせました。1897年創業のガラスメーカー・スクルーフは、1981年にインゲヤードをデザイナーとして招いて、1982年にベルマンシリーズを発表しました。左ページのジャグにはテーブル用の水を入れて、また花器として使ってもしっくりくる頼れる存在。脚付きのゴブレットには、オリーブやぶどうなどを入れてテーブルに出します。
上のスリムなオイルボトルは、見つけた時に「ワインカラフェにぴったり！」と思って購入し、毎晩のように使っています。背の高いビールグラスは、ストックホルムの地ビール「ストックホルムスタッズ」が1997年に150周年を迎えた時の記念グラスで、市の出身である彼女がデザイン。グラスの表にはストックホルム市のロゴマークが刻印されています。
数年前、ストックホルムのカフェに朝食をとりに行った時、隣の席にインゲヤードが座ってきたことがあります。食後のコーヒーを飲みに来たようで、新聞にひと通り目を通してさっと帰っていきました。長いグレーの髪をキュッとひとつにまとめ、背筋をピンと伸ばしてさっそうと歩く後ろ姿が、なんとも格好いい女性でした。

063 | GLASS BOTTLE | ガラスボトル

大小さまざまな透明のガラス製のボトルは、もとはコルクのフタ付きで、液体が入っていたもの。セカンドハンド店では、フタのないボトルが時々見つかります。なで肩の小さなボトルは、「香水が入っていたのかな？」とか、「きっとすてきなラベルが貼られていたんだろうな」と、想像するのもたのしいです。スウェーデンの友人は、いろんな古いボトルをまとめて、色違いのポピーを生けたり、一輪挿しにして窓辺に飾ったり、ガラスボトルをインテリアに上手に取り入れています。「いいアイディアだな」と思って、わたしも古いボトルを花器として使うようになりました。サイズもデザインも違うボトルを集合させて、生ける花は1種類にまとめたり、小さなサイズに1輪だけ飾ると、可憐でかわいらしくなります。

064 | GLASS CANISTER | ガラスキャニスター

スウェーデンの森では、夏の終わりから秋にかけて、リンゴンベリーやブルーベリー、カンタレッラ(あんず茸)がたくさん採れるので、この時季の週末は、大きなカゴを持って森へ行き、ベリー摘みやキノコ狩りをたのしみます。収穫した食材は、保存食にしてガラスのキャニスターに入れて、冬の間の料理やお菓子作りに使います。ベリーはジャムにしてパンケーキや焼き菓子に、乾燥させたカンタレッラは料理に使うと風味豊かで、特にリゾットのおいしさは格別です。そんな保存食文化があるせいか、ユーズドのガラスキャニスターをよく見掛けます。わたしはSPOONFULのショップカードとマスキングテープのストックをそれぞれ入れて使っています。厚みのあるガラスは味わいがあり、プレス加工された文字も雰囲気があります。

065 | marimekko TEXTILE | マリメッコテキスタイル

優れたデザインのテキスタイルには、空間をガラリと変えてしまう力があります。北欧では、部屋を少しでも明るくするために、壁と天井は白にすることが多いので、その空間にはっきりとした色のプリントがのった生地がよく映えます。ヘルシンキのマリメッコのショップに行くと、毎年新柄がお目見えしていて、部屋に広げた状態をイメージしながら選ぶのは、たのしいひと時です。わたしはテーブルクロスに使うので、毎回2m購入します。緑が茂って、光がキラキラしている春夏は落ち着いた色を、逆に葉が落ちて、日が暮れるのも早くなり、秋冬の風景になると、赤や黄色などの明るい色を選んで、彩りを添えます。大胆な柄であっても、基本的に白ともう1色の2色使いの布を選ぶので、派手になりすぎずしっくりなじみます。

マリメッコのヴィンテージ生地を見つけるのは、容易ではありませんが、時々思わぬところで遭遇します。ストックホルムの古いレコードをメインにした品揃えに、少しだけヴィンテージの雑貨も置いているおじさんのお店で、またある時は、ダーラナのガラクタ率が高めのおじいさんのお店で。期待していないシチュエーションで、偶然良いものが見つかると、うれしさもひとしおです。本国フィンランドで見つけるのは、なかなか難しいですが、それでもフリーマーケットで台の上の敷物として使われているのを発見した時には「これは売り物ですか？」と聞くことにしています。かなり地道ですが、運が良ければ売ってもらえることも、たま〜にあります。さて次は、どんな色柄の生地がわが家にやってくるでしょうか。

066 | PIAWALLÉN | ピアヴァレン

ストックホルムのインテリアショップ「アスプルンド」を初めて訪れて、ピアヴァレンのルームシューズを購入した時、彼女がデザインしたブランケットを見せてもらいました。その質感はしっかりとして厚みもあり、古い機械で織った後にフェルト加工された、とても手間の掛かる工程を経て仕上がる逸品です。すごく惹かれましたが、高価なものなので、つい身の丈に合っているかどうか考えてしまいました。なかなか決心がつかないまま数年が過ぎたとある冬、ブランケットの生産は今年で終了すると聞き、「えー、それは手に入れておかなくては！」と即買いしました。家に持ち帰り、ソファーの座面に敷いてみると、上質な肌ざわりは申し分なく、柄と色合いによって、部屋がしっとりと落ち着いた雰囲気に一変。「どうしてもっと早く買わなかったんだろう」と思いましたが、ものには買い時があるのですね。「生産終了」に背中を押される形でしたが、手に入れることができて、本当に、本当に、良かったです。

067 | KLIPPAN | クリッパン

冬に北欧を訪れるたのしみ、それはお店にウール素材のアイテムが充実すること。数日間かけて買付けをひと通りすませてからは、束の間のフリータイム。いつも通っているお店を目指して西へ、東へ。北欧へ通ううちに、ウールのブランケットが少しずつ増えましたが、ほとんどがクリッパンのもの。スウェーデンの小さな村・クリッパンで1879年に創業し、今や「スウェーデンでは一家に1枚はあるのでは？」というくらいの国民的ブランドに。ストックホルムの「スヴェンスク・ヘムスロイド」は、クリッパンのブランケットを豊富に揃えているので、いつもここで購入します。黄色いドーナツのような模様は、ビルギッタ・ビョルクのデザイン。この柄は1994年の発売以来、20年経った今でも人気の定番柄です。森の中に小さな家やトナカイが見つかるグリーンのブランケットはミナ・ペルホネンのデザイン。緑の森は、裏返すと雪景色に。リバーシブル使いできる逆配色のブランケットは、なんだか得した気分になります。

068 | Birgitta Bengtsson Björk | ビルギッタ・ベングトソン・ビョルク

　初めて「スヴェンスク・ヘムスロイド」に行った時、ウィンドーに飾られた色とりどりのポットホルダーに、思わず足を止めました。正方形の中に規則正しく並んだドットやドーナツ柄と、鮮やかな色使いにこころは躍り、たくさんの色柄の中から、自分用に、おみやげ用に、わくわくしながら選びました。
　王立芸大・コンストファックで、テキスタイルデザインを学んだビルギッタは、1980年代は編み物を中心に活動し、1990年からはクリッパン社でブランケットのデザインをはじめました。ブランケットのデザインは、紙に描くのではなく、織りのプロセスを考えながら毛糸をレイアウトして、ピンとくる図案にたどり着くまで、何度も繰り返すそう。デザインのインスピレーションは、伝統的な編み模様から得ることが多く、新しい柄を考える時には、まず古いテキスタイルの専門書に目を通します。
　1980年代後半に作りはじめた手編みのポットホルダーは、当時は「時代遅れの古いもの」と思われていたそう。しかし90年に入り、雑誌で著名な評論家がポットホルダーを取り上げてくれたお陰で、認知されるようになりました。そんなふうに、古いものに光を当てて、現代に受け入れられるものにしていくことに、おもしろみを感じると言います。ポットホルダーの注文が増え、ひとりでの制作に限界があると感じていた頃、ある雑誌のインタビューで、「誰か手伝ってくれる人がいたら、もっとたくさん作れるのに」と掲載したところ、南スウェーデンに住む女性が「かぎ針は得意なので、ぜひ手伝わせて」と申し出てくれたそう。そして今では、3人の女性がビルギッタの制作活動を支えています。
　30年ほど前に、アトリエ兼自宅をストックホルム郊外に建て、2階にあるアトリエは「ここはお店ですか？」と聞きたくなってしまうくらい、彼女がデザインしたブランケットや、糸・毛糸がきちんと陳列されています。ビルギッタがデザインする柄は、わたしも大好きなものばかり。彼女もドットやボーダーが若い頃から好きで、「普遍的な柄は飽きがこなくて、長く受け入れられる、タイムレスな良さがあると思うの」と言います。2年前に最愛のご主人を亡くし、今は愛犬・オリバーと一緒に暮らしているビルギッタ。今後は、制作に費やす時間をもっと増やしていきたいと意欲的に語ってくれました。これから先、どんなデザインを編み出してくれるのか、たのしみに待っていようと思います。

自宅の2階にある眺めのいいアトリエ。左は木製の織り機、右には編み機が。窓からの景色を眺めながら、編み進めます。

愛犬のオリバーとはいつも一緒。1階のリビングにもいろんな色の毛糸玉とかぎ針を置いていて、夜はテレビを見ながら編んでいるそう。編んでいる様子を見せてもらうと、手元は見ずにすいすいと編み、その早さは目を見張るものがあります。本人いわく「寝ながらでも編めるわよ！」。

毛糸の色見本帳を広げて、クッションカバーの新色を考えているところ。ベージュのクマのぬいぐるみは、IKEA の古いもの。

壁一面に積み上げられたブランケットは、すべてクリッパンのためにデザインしたもの。年々増えて、収まりきらなくなったそう。ポットホルダー用の糸は、まるで手芸専門店のように、色別にきれいに収納されています。窓辺に並んだサイズ違いの赤いダーラナホースは、少しずつ集めたもの。テキスタイルの専門書や古い図案帳の伝統的なパターンを見て、デザインのインスピレーションに。

069 | Birgitta Lagerqvist | ビルギッタ・ラーゲルクヴィスト

SPOONFULを立上げた年に、ストックホルムの展示会で見つけたウールのクッションカバー。ボーダーとドット、どちらも大好きな柄で、グレーやベージュといったベーシックな色使いが中心。「きっとデザイナーさんとは、好みのテイストが近いな」と直感しました。デザインし、自ら制作をしているのはビルギッタ・ラーゲルクヴィスト。彼女の自宅アトリエで編まれたウールのクッションカバーを10年愛用していますが、初めは張りのあった羊毛も、今ではやわらかくなっています。SPOONFULでは、新柄を加えながらオープン当初から展開していますが、お客さまに長く愛される冬の定番に育ってくれたのは、本当にうれしいことです。毎年冬のオーダーをする前にビルギッタの家を訪れ、糸の色味を相談したり、新しい柄やアイテムを見せてもらっています。打ち合わせの後はリビングに移動してフィーカの時間。毎回ホームメイドのケーキやクッキーで、温かいおもてなしをしてくれる、こころやさしい女性です。

070 | SHEEP SKIN | シープスキン

ヒツジ年生まれだからでしょうか？　ヒツジモチーフを見つけると必ず手に取りますが、北欧では原毛を使った「本物」に出会えます。友人の家では、ソファーや床の上、赤ちゃんのお昼寝用にと、みんなシープスキンを暮らしに上手に取り入れています。いろんな場所で目にするうちに、自然に「いつかわが家にも」と思うようになりました。バルト海に浮かぶゴットランド島に生息する「ゴットランドシープ」は、高品質な希少種として知られています。くるくるとカールが強く、光沢があって高級感のあるグレーが多い中、わたしが欲しかったのは、カールが弱めで光沢も少ない白。でもそのストライクゾーンは狭かったようで、なかなか見つかりません。気長に待つこと数年、やっと理想にぴったりなものを見つけました。特に希少な白が入荷したのは4年ぶりとのことで、その中からカールが弱めのアイボリーを選びました。床に敷いて、とろけるようななめらかさを感じながらゴロゴロするのは、至福のひと時です。

071 | KNIT GLOVES | ニットグローブ

冬の買付けはどこまで寒くなるのか、最初の頃はビクビクしていました。実際には1～2月の寒さのピーク時を外せば、おびえるほどではありませんが、手袋は必需品です。ストックホルムやダーラナの手工芸店やヘルシンキの海辺のマーケットで購入した数々のウールの手袋。「北欧はミトン型しかないの？」という声が聞こえてきそうですが、もともと北欧の伝統的な形ということもあり、わたしが通うお店には、ミトン型の魅力的なデザインが多いのです。

繊細な編み模様やモチーフに惹かれて買った手袋は、現在10組。ダイヤ形の幾何学模様を表現したはっきりとした柄、甲に入った花モチーフ、一色の毛糸で斜めに編まれた模様など。ほとんどが年配の女性が、自宅で手編みしているもの。編み物は全くできないので、「こんなふうに気に入った柄を自由に編めたら、たのしいだろうな」とうらやましく思います。色は白とグレーしかないわけではもちろんなく、あくまでもわたしの趣味によるものです、念のため。

072 | marimekko DRESS | マリメッコドレス

RITARI　　　　　　　　　　　　ITARIA

マリメッコはフィンランドの国民的なブランドで、ヘルシンキの街ではきれいな色柄の洋服を身に着けた女性をよく見かけます。年齢層も幅広く、おばあちゃんだって派手な柄を着ていて、とてもかわいいのです。少し前のわたしのクローゼットはネイビー、グレー、白の無地に時々ボーダー柄。そんな保守的なワードローブに新しい風が吹いたのは、5年前の夏。ヘルシンキのマリメッコ本店で、イエロー、ブルー、グレーの3色使いのきれいなワンピースを見つけました。とても好きな色合いで、一緒にいた友人から「すごく似合う」と背中を押されました。

PEMBE　　　　　　　　　　　UNIKKO

人生初の色柄物のワンピースは、周りからの評判がとても良く、それからというもの、買付けのたびにマリメッコで洋服を選ぶことが恒例になりました。その後ワードローブが柄物に大きくシフトしていったかというと、そうでもなく、あくまでもマリメッコ限定です。色柄物の洋服に抵抗があっても、一度飛び越えてしまうと案外大丈夫ということを体験したので、友人にもすすめています。ちなみに、「マリメッコ」とは「マリちゃんのドレス」という意味。知るとさらにかわいさが増すネーミングですね。

073 | ACCESSORY | アクセサリー

買付け中はお店を何軒も回るため、時間的な余裕はあまりありませんが、会計をしてもらう間に、ガラスのショーケースを覗いていると、気に入ったアクセサリーをパッと見つけられることがあります。プラスチックのブレスレットはどれもそんなふうにして、セカンドハンド店で見つけたもの。表面がカットしてあったり、斜めストライプだったり、ぽってりと厚みがあったり。いろんな色がある中で、選ぶのはいつも白や黄色。スウェーデンのインテリアショップ「デザイントリエ」でよく買っていたリングは、古いボタンを使ったもの。小さいながら、お花や王冠、イカリなどのモチーフが入っていて、いつもたのしみに選んでいましたが、作家さんが作るのをやめてしまったようで、ここ数年買えなくなって残念。買付けの時は荷物を少なくするために、同じ洋服を3〜4日おきに着る、ややヘビーなローテーションです。そこでアクセサリーに、ちょっとした変化をつけるのにひと役買ってもらいます。

074 | LACE | レース

ストックホルムにある、アンティークレースを扱うお店に行くとよく、オーナーのマダムがシュンシュンと蒸気を上げながら、アイロン掛けをしています。浅い引出しがいくつも重なったチェストには、開けるたびにため息がもれるくらい、繊細に編まれたボビンレースや、それを縫い付けたベッドリネンなど、美しいレースが重ねられています。レースの背景に詳しいマダムの解説によると、スウェーデンのレースは18世紀に栄えて全土に広がり、女性が家でできる仕事として貴重な収入源となり、高度な技術を身につけたそう。膨大な時間と高い技術を必要とするレース編みは、真面目で辛抱強く、手先の器用なスウェーデン人の気質とぴったり合っていたのでしょう。暗く寒い日が続く冬に、キャンドルの灯りの下でこつこつとレースを編む女性の姿が浮かびます。フェミニンなものが少ないわが家ですが、レースだけは時々出してテーブルにのせたり、ガラスのキャンドルホルダーの下に敷いたりしています。

075 | Växbo Lin | ヴェクスボリン

ストックホルムから北へ電車で2時間半ほどのヘルシングランド地方は、かつてはリネン産業が盛んだった地域。1989年に設立されたヴェクスボリンは、2006年にヴェクスボ出身のハンナとヤコブの若いふたりがオーナーになり、伝統的な技術を受け継いだ織り模様に、鮮やかな色を組み合せた新たな商品を開発し、若い感性によって見事に生まれ変わりました。わたしが一番長く使っているのは、ヘリンボーン織りが気に入って買ったディッシュクロス。使い続けた今では、しっとりとやわらかく、とてもなめらかな肌触りに。手に持った時の感触がとても良いので、他にもたくさんあるリネンの中で、使用頻度はナンバーワン。使い込むうちにより良い風合いに育っていくのは、長く使い続けるたのしみにつながります。足裏の肌触りが抜群で、吸水性と速乾性に優れたバスマット、手や顔を拭くカラフルなゲストタオル。確かな品質のリネンは、毎日の暮らしに欠かすことのできない、頼もしい日用品です。

076 | H55 | エイチ 55

ヘルシンキ郊外にある、建築家でありプロダクトデザイナーのアルヴァ・アアルトの自邸「アアルトハウス」。そこでは、ファミリーが暮らしていた当時のまま残された、貴重なインテリアを見ることができます。かなり低い位置につけられたダイニングのランプシェード、クッションカバーやクロスのファブリック使いなど、初めて訪れた時は見るものすべてが新鮮で、ドキドキしたものです。アアルトが設計したインテリアショップ「アルテック」は、ヘルシンキの目抜き通りにある、オリジナルの家具やテキスタイルを揃えたお店。オリジナル生地の中で、最初に買った柄が「H55」。スウェーデンで開催されたデザイン博覧会「H55」に向けて、アアルトの妻エリッサがデザインし、1955年に発表したものです。数年前には、黒地に白いHの逆配色が発売され、そちらはぐっとシックな雰囲気。発表されてからちょうど60年経ちますが、今もなお、モダンで洗練されたパターンであることに変わりはありません。

077 | BUYING BAG | バイイングバッグ

10 GRUPPEN

marimekko

外で人と会うと「荷物はそれだけ?」と驚かれるほど、普段は身軽ですが、買付けとなると容量の大きなバッグが必需品です。防寒用のストール、文庫本、ノートパソコンなど、飛行機に乗る時はかなりの荷物になるので、「大きさと軽さ」がバッグを選ぶ重要ポイント。マリメッコのショルダーバッグは、北欧ブルー(と個人的に命名)と内側にポケットがいくつもあるところが決め手に。スヴェンスク・テンのショルダーバッグは、数々の名作を生んだヨセフ・フランクがデザインした「マンハッタン」。リネン素材の軽さと明るい色使いが魅力です。

Svenskt Tenn					10 GRUPPEN

買付けをはじめた頃は、鋳物の鍋や食器がたくさん見つかるのはうれしいけれど、尋常でない重さには四苦八苦。両手両肩に分散して運びながら、「この状況、なんとかしないと」と痛感していた時に見つけたティオグルッペンのショッピングカート。ビニールコーティングされた生地は雨や雪でも大丈夫。バッグは取り外しが、カートは折りたたみが可能、そしてなんといってもグッドデザイン！　もしこれが黒いナイロンなら、買付けのテンションも下がってしまいそう。ティオグルッペンのトートも、雨の日用にスーツケースに必ず入れています。

078 | ECO BAG | エコバッグ

エコバッグって、知らず知らずのうちに増えませんか？ 手頃な価格ということもあり、旅先で色や柄に惹かれては購入しています。生成り地のシンプルなデザインは、スウェーデンのスーパーのエコバッグ。どちらも厚くてしっかりとしたコットンのマチ付き。北欧ブルーに赤いダーラナホースは、ダーラナのクネッケ工場のオリジナルで、レジカウンターの下に下げられたエコバッグを見逃しませんでした。グリーンはストックホルムで必ず立ち寄る「ローゼンダールガーデン」の食材店のオリジナル。野外博物館「スカンセン」のオリジナルはシックな黒×白ボーダー。白と青のストライプはセカンドハンド店のオリジナルで、ユーズド生地を使ったリメイク。エコバッグとペーパーナプキンは、わたしにとってのおみやげ2大アイテムです。

079 | PAPER NAPKIN | ペーパーナプキン

白いプレートや透明ガラスの器を組合せるわが家のテーブルセッティングに、彩りと華やかさを添えてくれるペーパーナプキンは、なくてはならない存在です。北欧に通いはじめた頃から、単純な連続柄や、広げると１枚の絵になるデザインなど、その色柄のかわいさにウキウキしながら選んできました。今ではリビングにある収納棚の一段を、完全に占拠しています。かわいくて手頃な価格の日用品を見つけたら、買わずにはいられないのですよ、雑貨好きとしては（笑）。北欧ではスーパーでもオリジナルを販売しているので、新柄が出ていないかチェックは怠りません。普段の食事でもたびたび使っているのですが、専用棚は常に満員。なぜなら、次から次へと買っているから。この勢いが収まることは、しばらくなさそうです。

080 | BORDER FREAK | ボーダーフリーク

「フリーク＝熱狂的愛好家」。わたしのボーダー好きを表すには、この言葉がぴったり。10代の頃から、花柄やチェックには惹かれず、柄物といえばボーダーひと筋。今でも夏にはTシャツを、秋にはニットのボーダーを新調します。ボーダー好きは、洋服だけにとどまりません。マリメッコのブルーのがま口は、国内旅行の化粧ポーチに。赤いがま口はスウェーデンのユーズドで、小銭を頻繁に出し入れするフリマ用。水色と朱色のボーダーは、ヴォッコの大判ハンカチ。赤いペンケースと定期入れは、ティオグルッペン。グリーンはアクセサリー入れですが、わたしは名刺入れに使用。洋服なら白地にネイビーを選びがちですが、小物に関しては明るい原色を選びます。ちなみにボーダーは和製英語で、海外ではストライプと言うと通じますよ！

081 | HAY | ヘイ

コペンハーゲンの観光客でにぎわうエリアにオープンしたインテリアショップ「ヘイ」。ヘリンボーンの床に高い天井のゆったりとした空間は、リビングやダイニングなど、シーンごとにそれぞれ展開されています。文房具コーナーで見つけた木製の定規は、ボーダー柄と色使いが気に入って、サイズ違いで購入。使いやすいA5サイズのノートは、いろんな手描きタッチのデザインが揃う中から、好みの柄をチョイス。SPOONFULのオンラインショップの商品の包装には、マスキングテープを使っていて「こんなふうに同時に何種類も使えるってすごく便利！」と購入したのが、木製テープカッター。ちなみにここ数年、北欧では日本製のマスキングテープ人気が高く、文房具店はもちろん、インテリアショップでもよく見かけるほどです。

082 | marimekko APRON | マリメッコエプロン

　黄緑と水色の波模様、黒地に白いドット、赤と白の斜めボーダーなど、わたしのエプロンはフィンランド生まればかり。仕事が終わって華やかなエプロンを身に着けると、気持ちが切り替えられ、「さあ料理しよう」と気持ちが高まります。このマリメッコのヴィンテージのエプロンを見つけたのは、ヘルシンキから電車で1時間ほどのフィスカルスという村で開かれた、アンティークマーケット。マリメッコやヴォッコのヴィンテージが好きで、そればかりを集めているという女性のお店で、色とりどりの洋服が掛かったラックのすみっこに、ミニスカートのような短い丈のエプロンを発見しました。暗めの店内では気付かなかったのですが、ハンドプリントの生地は赤と紺色の境い目が重なり、ところどころにパープルのラインが見え、手仕事ならではの魅力があります。色柄がはっきりした洋服はハードルが高いと思っている人は、まずはこんなエプロンで、ちょっと冒険してみるのもいいかもしれませんよ。

083 | Vuokko Nurmesniemi | ヴォッコ・ヌルメスニエミ

ヴォッコ・ヌルメスニエミは、マリメッコでテキスタイルや洋服のデザインを手掛け、1964年に自身のブランド「ヴォッコ」を立ち上げました。ファッションデザイナーとして知られていますが、実はアラビアでデザインを、ヌータヤルヴィではガラス製作、ご主人のアンティと共にプロダクトデザインを手掛けるなど、さまざまな分野で活躍した才女。ヘルシンキの直営店には定番のボーダー柄の洋服やバッグ、帽子などの小物が充実していて、ボーダー好きとしては必ずチェックします。わたしは斜めボーダーが特に好きなのですが、なかなか見かけません。けれどヴォッコは60年代からこの柄のテキスタイルをいくつも発表していて、彼女もきっとかなりの斜めボーダー好きなのではと思っています。ミトン型の鍋つかみは、長めのつくりで手首が完全に保護されるので、オーブン料理の出し入れには必ず使います。厚みもあるミトンは存在感があって、吊るしておくと真っ白なキッチンのいいアクセントにもなります。

084 | SLICER | LEMON SQUEEZER | スライサー | レモンスクイーザー

ストックホルムの美術館で2004年に開かれた「プラスティック展」は、1950〜70年代に生産された、独自の色使いや形のおもしろい製品がずらりと並び、見応えたっぷりの展覧会でした。その時に買った『プラスティック』という本では、色とりどりのプラスティックアイテムを見ることができます。黄色いレモンしぼり器は2層になっていて、メッシュ状の上段で種をキャッチし、ばらして洗うこともできる優れもの。オリーブグリーンのスライサーは、それぞれ別のフリマで見つけたスライス用と千切り用で、オーバル形の持ち手と、珍しいオリーブグリーンに惹かれました。ちなみに紙パッケージには千切りにんじんの写真がのっていましたが、伝統保存食「ニシンの酢漬け」の定番の付け合わせで、ゆで卵と合わせて食べる家庭料理です。

085 | PLASTIC BOWL | プラスティックボウル

デンマークのフリーマーケットでは、きれいな色のプラスティックアイテムが時々見つかります。濃いブルーとオリーブグリーンのボウルは、1950～70年代に作られたデンマークのメーカー・ロスティーのもので、それぞれフリーマーケットで見つけたもの。サイズ違いをひとつずつ集め、収納時には入れ子できれいに収まっています。黄色は同じロスティーの復刻版で、現在いろんな色とサイズが展開されています。それまではステンレスのボウルを入れ子で揃えて使っていましたが、このプラスティックシリーズが加わってからは、料理中のキッチンが華やかになりました。いろんな形のボウルをバラバラに揃えるより、同じシリーズを入れ子で揃えたほうが、料理中の見た目もきれいですし、しまった時に収まりがいいのでおすすめですよ。

086 | aarikka | アアリッカ

かなりのボーダー好き、中でも斜めボーダーが特にわたしの心を揺さぶる柄だということは先に告白した通りです。ヘルシンキの港にあったマーケットホールで、ある夏の日に見つけたのがこのスパイスセット。大好きな斜めボーダーに加え、スタンドがプラスチックではなく木で作られているのがなんとも北欧的。小さな4つの缶が木製のスタンドにきちんと収まっている姿に、胸がキュンとしました。缶を開けてみると、底には使っていたスパイスが残っていて、そのシナモンやカルダモンの香りに北欧らしさを感じました。アアリッカの斜めボーダーの缶は、中にキャンディーを入れて売られていた大きなサイズもあって、赤×白、青×白を時々フリーマーケットで見つけては、買付けています。

087 | HERB MILL | SALT & PEPPER | ハーブミル | ソルト&ペッパー

マルメのアンティークショップの棚にスッと立っていた、赤と黒のシャープなデザインの細長いアイテム。オーナーに尋ねると、ソルト&ペッパーが一体型になったものとのこと。上の白い部分からは塩が、赤と黒の本体をひねると挽かれたコショウが下から出てくる仕組みです。オリーブグリーンと黒にハンドルが付いたハーブミルは、デンマークのフリーマーケットで発見。「何用だろう？」と思って見ていると、おばあさんが「ハーブを入れて、くるくる回すのよ」とジェスチャー付きで説明してくれました。それまではパセリやディルのみじん切り用に、フランス製のかさばるミルを使っていたので、このコンパクトさとスマートなデザインには脱帽しました。このふたつはしまい込まず、キッチンのオープン棚のいい位置に置いています。

088 | MELAMINE TRAY | メラミントレイ

スウェーデンの友人の家に遊びに行くと、どの家にも必ずあるのがこのメラミントレイ。スウェーデンのメーカー・フォムプレスで作られたもので、白樺の幹を薄くスライスして何層にも重ね、樹脂コーティングしています。北欧各国のインテリアショップではよく、オリジナル柄のトレイを販売していて、SPOONFULのオリジナルトレイもフォムプレスで作ってもらっています。1枚の絵のように描いたデザインもありますが、わたしが好きなのはドットや文字などの連続柄で、初めて買ったものはグリーンピースが散っているようなドット柄でした。インテリアショップでオリジナル柄を見つけては時々買っていますが、みんなサイズが一緒でぴったり重なるため、枚数が増えても「収納問題」に発展しない(笑)、ありがたいアイテムです。

089 | MELAMINE COASTER | メラミンコースター

ストックホルムのセーデルマルム地区に2013年にオープンした「ヒップ」という雑貨店は、メラミンのトレイやコースター、アクセサリー、エコバッグなど、オリジナルのグラフィックを施した雑貨が揃うたのしいお店。すぐ近くには手作りキャラメル専門店「パーランス」やシナモンロールがおいしい「イルカフェ」もあるので、このエリアには必ず立ち寄ります。このアルファベット1文字のシンプルデザインのコースターも、隣のトレイと同じ白樺素材。AからZ、そしてスウェーデン語独自のÅ、Ö、Äもあります。ポップでカラフルな色が揃った中から好みの色を選び、スウェーデン語のÖとÅも加えました。友人が集まった時には、このコースターの色目に合わせてペーパーナプキンを選び、コーディネートをたのしみます。

090 | SALT & PEPPER | ソルト&ペッパー

プラスティックのソルト&ペッパーは、1960〜70年代にデンマークのメーカー・ラウリズ・ロンボルグから発売されたもの。ティアドロップ形のユニークなフォルムと、きれいなオリーブグリーンにひと目惚れしました。南スウェーデンのセカンドハンド店で見つけた時、ソルト側のフタがなくて使えないとわかっても、「このグッドデザインはキッチンに飾りたい」と思って、すぐカゴに入れました。同じものがふたつ並んだペアものって、かわいらしさがあります。デンマーク製のヴィンテージのソルト&ペッパーといえば、チーク材のややごつごつしたフォルムが多いのですが、明るい色と曲線を描いた涙形のデザインは、当時としてはとても斬新なテーブルアクセサリーだったのだろうと想像します。

091 | COASTER SET | コースターセット

左ページと同じデンマークのラウリズ・ロンボルグから発売された、こちらも大きなティアドロップ形。コペンハーゲンの室内フリーマーケットで見つけた時、北欧ブルーとこの形に引き寄せられました。フタを取ってみると、中には重なったコースターが6枚、収められているではありませんか！　取り出してみると、コースターはコンパクトで、フチが少し立ち上がったデザイン。それまでもコースターが円筒形の小さなケースに入ったものを見たことはあっても、こんなに主張するデザインは初めて。ケースをこんなふうに存在感のある形にデザインするなんて、遊び心があります。わが家ではキッチンのカウンタートップに置いて、飾りながら使っています。小さめのコースターは細身のグラスにぴったりのサイズ感です。

092 | PLASTIC CANISTER | プラスティックキャニスター

円筒形のプラスティックキャニスターは、デンマークのメーカー・イラのもので、デザイナーはロスティーのミキシングボウルのデザインを手掛けたことでも知られるアクトン・ビョルン。それぞれフリーマーケットで見つけたもので、フタを開けやすいように、側面にはストライプ状に刻みが入っています。軽くて容量たっぷりで「グラノーラを入れるのにぴったり」と思い購入。ネイビーにはミックスナッツを、オリーブグリーンにはスウェーデンのオーガニックブランド「リネー・ヴォルテール」のリンゴチップとピーカンナッツが入ったグラノーラを保存しています。ちなみに、グラフィックもグッドデザインのグラノーラは、買付けに行った時の「買って帰るものリスト」に入っていて、帰国時のスーツケースの常連です。

093 | BREAD CAN | ブレッドカン

セカンドハンド店やフリーマーケットで時々見つかるブレッド缶は、シナモンロールやクネッケ（平たく焼いたクリスピーブレッド）など、スウェーデンならではのパンを保存するのに使われていました。どちらもスウェーデンのニルスヨハン製で、わたしはパンの保存ではなく、黄色はポストカードや封筒、記念切手などの手紙周りのものの収納に、北欧ブルーにはスウェーデンのボビンレースの商品をストックする整理箱として使っています。ブレッド缶は他にも、正方形や丸形で２段、３段に重なったものや、長方形の大きなデザインまで、いろんなバリエーションがあり、色使いもカラフル。学校から帰った時やフィーカに、こんなきれいな色の缶におやつが入っていると、開けるのがうれしくなりそうです。

094 | Lisa Larson | リサ・ラーソン

今や日本でも絶大な人気を誇るリサ・ラーソンは、1954年にグスタフスベリに入社し、陶芸家としての活動をはじめました。ストックホルムにある予約制のアンティークショップのウィンドーを覗いている時、棚の下のほうに置かれていたネコが、こちらを見上げていました。「あ、あのネコだー！」。すぐに携帯で予約を入れ、夕方オーナーがお店を開けてくれて、手に入れることができました。1957年に発表された「ストーラズー（大きな動物園）」シリーズのネコは、生産数が少ないため、なかなかお目にかかれませんでした。わが家ではリビングに床置きをしていますが、下から見上げたような目線がたまりません。

ストックホルムのアンティークショップで会計をしながらオーナーと話をしていると、気になるものが視界の隅に入ってきました。「え？　おしゃれ仏像？　金髪のサザエさん？」と、不思議そうに見入っていたわたしを見て、オーナーが棚から取って手渡してくれました。近くで見ると、それは真ん中に鳥が巣を作っている木で、「もしかしてリサ・ラーソン？」と聞くと、答えはイエス。「ゴールデンツリー」と名付けられた作品は、1968年に発表されたもので、こちらも希少な生産数。隣のひまわりをモチーフにしたブルーの花の壁掛けは、1967年に発売をスタート。厚みが3cm近くあって、ずっしりと重厚感があります。

リサの魅力は、観察力のすばらしさにあると思います。動物、人、植物、それぞれが持ついきいきとした表情をとらえた作品からは、作り手としての愛と情熱を感じます。数々の名作を世に送り出してきたリサは、80代の現在でも、創作意欲があふれてくるそう。今後も彼女の観察眼を通して、どんな作品が生み出されるのか、たのしみにしています。

095 | WALL HANGING | ウォールハンギング

ガムラスタンにあるアンティークショップで見つけた陶器の壁掛けは、スウェーデンのメーカー・ビルグステンのもの。会計を待っている時に、壁の高いところに掛けられていたこげ茶色の陶板を見つけ、「あれも見せてください」とお願いして、手に取りました。「不思議な国のアリス」の世界から飛び出してきたかのような正方形の身体、真っすぐに揃った前髪、なんとも幸せそうな表情でにっこりと微笑む男女のカップル。陶板を見ていると、こちらのこころまで温かくなるような雰囲気を醸し出しています。リサ・ラーソンのように著名な作り手の作品ではありませんが、北欧では、あまり知られていない作家が手掛けた良いものにたびたび出会えます。そのたびに、有名無名を問わず、もの作りに携わってきた人々の層の厚さを実感します。

096 | STRAW ORNAMENT | ストローオーナメント

巻き貝のような形をした大きなスウェーデン製のオーナメントを初めて見たのは、ダーラナの手工芸学校の校長をしていたカーリンの家でした。北欧の人達は窓辺の飾り方がとても上手で、一軒家のカーリンの家では、いくつもある窓が個性的に飾られていました。しばらくしてスカンセンのショップで同じものを見つけ、購入しました。同じ麦わらを使った小さなオーナメントは、フィンランドの伝統装飾「ヒンメリ」。12世紀に誕生した長い歴史のある装飾品で、バリエーションはとても豊富です。麦わらのオーナメントには、素材の素朴さとデザインの繊細さが共存した良さがあります。北欧のクリスマスは、どこの家も生のモミの木を使いますが、麦わらのオーナメントだけで装飾したシンプルなツリーを、いつかわが家にも置きたいです。

097 | SIDE TABLE | サイドテーブル

　デンマークでは、1950〜60年代にチーク材の家具がたくさん生産され、今でも中古ながら状態が良く、長く使えそうな家具が見つかります。チークはタイやインドネシアから北欧に輸入され、耐久性が高いことから、家具や建具に多く用いられました。今では伐採が禁止されている国が多く、チークの家具はとても貴重になっています。三角形の小さなサイドテーブルを見つけたのは、コペンハーゲンの大規模な屋内フリーマーケット。買付けたものは郵送しているので、大きなものは買えず、いい家具を見つけても諦めなければならない場面もしばしば。でもこのテーブルは脚がネジ式で外せるので、サイズの心配をせずに購入できました。ソファーの横に置いて、キャンドルや飲み物などをちょっと置くのにぴったりです。

098 | STOOL 60 | E60 | スツール60 | イー60

アルヴァ・アアルトによってデザインされた「スツール60」は、フィンランドのみならず、北欧各国の公共施設や家庭で親しまれ、1933年に発表されてから80年以上経った今も不動の人気です。フィンランドの国樹・白樺を使い、脚は「Lレッグ」と呼ばれる、当時としては高い技術を要した曲げ木で作られました。北欧の椅子は自然な木色を生かしたものが多い中、このスツールはカラフルな中から「選べるたのしさ」があります。背もたれが付いた4本脚の「E60」は、ヘルシンキのアンティークショップで見つけたもの。脚も座面もかなり使い込まれ、風格があります。黄色はスツール60の誕生80周年を記念し、2013年にアルテックから発売されたもの。座面がフラットで広く、寝室でベッドサイドのテーブルとして使っています。

099 | DESK LIGHT | デスクライト

デンマークのフリーマーケットでは、グッドデザインのランプシェードやデスクライトが見つかる確率が高いのですが、このライトもコペンハーゲンの屋内フリーマーケットで見つけたデンマーク製。趣味の良さがうかがえる年配のご夫婦が揃えた、ランプシェードやサイドテーブルなど、ヴィンテージのインテリアの中から見つけました。スタンド部分とシェードはマットなグレーのスチールで、脚とシェードには部分的にチークが使われています。それまではコードの途中にオン・オフのスイッチがあるものを使っていましたが、これはスタンド本体にあるスイッチをポチッとするだけなのでとても便利。そして首が自由に曲げられるので、好きな角度に調節できるのもうれしいポイント。夜になるとこのライトの灯りで、本を読んでいます。

100 | WOOD TRUNK | ウッドトランク

ヘルシンキ郊外の村・フィスカルスでは、毎年夏になると大規模なフリーマーケットが開催され、地元の人も訪れるにぎやかなビッグイベントです。そこで見つけたのが、この木製トランク。曲げ木によってやわらかいカーブを描いていて、木と革ベルトの組合せにもぐっときました。持ってみると意外に軽く、売っていたおばあさんによると、「ベリーベリーオールド」とのこと。そしてその数時間後には、帽子用のケースも発見。革ベルトがぐるりと一周していて、持ち歩く時のハンドルにもなります。「昔はこの木製のトランクを持って、電車で長旅をしていたんだろうなー」と、すてきな光景が浮かびます。今は寝室に重ねておいて、布ものの収納に使っていますが、いつかこれに荷物を詰めて車で旅してみたいもの。夢は広がります。

おわりに

北欧雑貨に魅せられてSPOONFULを立上げ、あっという間に10年経ちました。その間、いろいろな人々との出会いがあったお陰で、こうして続けてこられたと、こころからありがたく思っています。ヴィンテージや手工芸品はもちろん、訪れるたびに温かく迎えてくれる、すばらしい技術を持った北欧の作り手の人達を、いつか書籍で紹介したいと考えていたので、やっと実現することができて、本当にうれしく思います。そして何より、毎年買付けに通い続けることができるのは、お客さまの支えがあってこそ。北欧を訪れるたびに、再訪できた喜びと共に、お客さまへの感謝の気持ちが沸き上がってきます。

買付けで訪れている場所は都市部が中心ですが、これからは北から南まで行動範囲を広げて、まだ見たことのない、すばらしいデザインのプロダクトや作り手にもっと出会っていきたいです。わたしがこれまで手にしたものはほんの一部に過ぎず、まだ見ぬ北欧雑貨がたくさんあると、買付けのたびに、わたしを奮い立たせてくれます。いつか大きな車を借りて、いろんな地方へ足を延ばし、雑貨で車をいっぱいにしてみたい。船に乗って、ゴットランド島でカゴ作りをするおじいさんを訪ねたり、氷点下の北極圏で開かれるウィンターマーケットにも行ってみたい。そして地方独自の伝統工芸にも、もっともっと触れてみたい。まだまだ訪れたい場所やしたいことは盛りだくさん！この好奇心がある限り、何年経っても北欧雑貨を探し続けることでしょう。未来への希望は広がり続けます。

2015年3月
SPOONFUL　おさだゆかり

おさだゆかり

山梨県生まれ。2005年に北欧雑貨店「SPOONFUL（スプーンフル）」を立ち上げる。現在はオンラインショップと予約制の実店舗を運営しつつ、全国各地でイベント販売を行うことも。最近は旅行代理店と組み、北欧雑貨ツアーを企画したり、カルチャースクールの講師を務めるなど、活躍の幅を広げている。スウェーデン・ハンドクラフトのもの作りの現場を訪ね歩くのはライフワークのひとつ。著書に『北欧雑貨をめぐる旅』（産業編集センター）、『北欧スウェーデンの旅手帖』（アノニマ・スタジオ）、『わたしの住まいのつくりかた 北欧風リノベーションとインテリア』（主婦と生活社）。

SPOONFUL
www.spoon-ful.jp

SPOONFUL ITEM LIST

p.49
CUTTING BOARD　　S　￥4,000 + Tax
　　　　　　　　　L　￥6,000 + Tax

p.61
HANDLE BASKET　￥22,000 + Tax

p.62
HANDLE BASKET LONG　￥26,000 + Tax
BIRCH TRIVET　￥2,800 + Tax
CUBE BASKET　￥7,000 + Tax
LONG BASKET　￥9,000 + Tax

p.80
PLATE STAND　　2 PLATES　￥13,000 + Tax
　　　　　　　　3 PLATES　￥16,000 + Tax
WOOD BOARD　￥8,000 + Tax
WOOD STAND　　S　￥10,000 + Tax
　　　　　　　　L　￥12,000 + Tax

p.84
ORGANIC CANDLE　￥3,200 + Tax

p.101
KNIT POT HOLDER　￥3,800 + Tax

p.104
WOOL CUSHION COVER　￥11,000 + Tax

p.112
GUEST TOWEL　￥2,750 + Tax
BATH MAT　￥3,500 + Tax
DISH CLOTH　￥3,600 + Tax

◎本書で紹介しているアイテムは、すべて私物です。現在は手に入らないものもありますが、ご了承ください。また、上記アイテムリストの商品についてはSPOONFULで取り扱っております。情報は2015年3月の情報に基づいており、商品の価格など、変更の可能性があることをご承知ください。

参考文献　KAJ&FRANCK Esineitä ja lähikuvia（WSOY）
　　　　©Stig Lindberg（NATIONAL MUSEUM）
　　　　Signe Persson-Melin Keramiker och formgivare（T&M Förlag）
　　　　Lisa Larson（GUSTAVSBERGS PORSLINSFABRIK）

文　　　　おさだゆかり
デザイン　渡部浩美
写真　　　有賀傑
　　　　　明知直子（p.29〜31, p.60, p.63〜65, p.78, p.81〜83, p.100, p.102〜103）
編集　　　田中のり子
　　　　　村上妃佐子（アノニマ・スタジオ）

北欧雑貨手帖

2015年3月6日　初版第1刷 発行

著者　　　おさだゆかり
発行人　　前田哲次
編集人　　谷口博文
発行所　　アノニマ・スタジオ
　　　　　〒111-0051　東京都台東区蔵前2-14-14　2F
　　　　　TEL.03-6699-1064　FAX03-6699-1070
発売元　　KTC中央出版
　　　　　〒111-0051　東京都台東区蔵前2-14-14　2F
印刷・製本　株式会社廣済堂

内容に関するお問い合わせ、ご注文などはすべて上記アノニマ・スタジオまでお願いします。
乱丁本、落丁本はお取替えいたします。
本書の内容を無断で複製、複写、放送、データ配信などをすることは、かたくお断りいたします。
定価は本体に表示してあります。
©2015　Yukari Osada,anonima-studio printed in Japan
ISBN 978-4-87758-734-5　C0095

アノニマ・スタジオは、
風や光のささやきに耳をすまし、
暮らしの中の小さな発見を大切にひろい集め、
日々ささやかなよろこびを見つける人と一緒に
本を作ってゆくスタジオです。
遠くに住む友人から届いた手紙のように、
何度も手にとって読み返したくなる本、
その本があるだけで、
自分の部屋があたたかく輝いて思えるような本を。